创意橡皮章实验室

Making an Impression

20个有趣的橡皮章制作课程：涵盖纸上的橡皮章设计、织物上的橡皮章设计、其他材质上的橡皮章设计

创意橡皮章实验室

Making an Impression

20个有趣的橡皮章制作课程：涵盖纸上的橡皮章设计、织物上的橡皮章设计、其他材质上的橡皮章设计

【美】格宁·D.兹拉特基斯 著

钱敏 译

上海人民美術出版社

图书在版编目（CIP）数据

创意橡皮章实验室 / (美) 兹拉特基斯著 ；钱敏译.
-- 上海 ：上海人民美术出版社，2015.2
书名原文：Making an Impression
ISBN 978-7-5322-9360-5

Ⅰ. ①创… Ⅱ. ①兹… ②钱… Ⅲ. ①印章－手工艺品－制作 Ⅳ. ①TS951.3

中国版本图书馆CIP数据核字(2014)第286442号

创意橡皮章实验室

著　　者：【美】格宁 · D. 兹拉特基斯
译　　者：钱　敏
责任编辑：徐　捷
装帧设计：钱吉苓
技术编辑：季　卫
出版发行：上海人民美術出版社
（上海长乐路 672 弄 33 号）
邮编：200040　电话：021-54044520
网　　址：www.shrmms.com
印　　刷：上海海红印刷有限公司
开　　本：700 × 910　1/12　11.33 印张
版　　次：2015 年 2 月第 1 版
印　　次：2015 年 2 月第 1 次
书　　号：ISBN 978-7-5322-9360-5
定　　价：56.00 元

橡皮章基础知识

纸上的橡皮章设计 32

织物上的橡皮章设计 78

其他材质上的橡皮章设计 100

图样 120

简介

当我还是一个小姑娘的时候，我就对怎样制作一样东西好奇万分。我总是痴迷于日期或数字签章、护照上的铅印盖章以及其他各种办公室文件上的橡皮章。当我还是孩童时，我喜欢玩角色扮演类游戏，我喜欢扮演老师，我的娃娃是学生。无一例外的，我总是在每次模拟测试后，给他们的试卷敲章以表示通过。

毕业多年后，我才第一次想到我应该做一个属于自己的橡皮章。因为有一次，我在格温·狄温（Gwen Diehn）的《装饰页面》（The Decorated Page）上看到一个漂亮的盘子中装满了手工雕刻的酒瓶塞。这激起了我的兴趣，我不仅要制作橡皮章，更要把它们印在不同的载体上。

我在办公用品小店买了一把割毡刀、一盒白色橡皮和一个黑色印台，我要立刻行动。我发现自己可以花好几个小时在橡皮雕刻上，这既放松又有助于冥想。每到这时，我总会想到我父亲的曾祖父——一位木工雕刻大师，他也曾埋头于雕刻工作，我不禁会心一笑。

当我开始写这本书的时候，我是想抛砖引玉，希望它能激发对橡皮章有兴趣并想亲自制作橡皮章的读者的创作思维。因此，这本书介绍了制作橡皮章的基本工作和准备，包括制作材料、技术和设计思维。读者会发现制作橡皮章是一件很容易的事情，并学会如何用不同的图案、简单的刺绣和缝制技术去设计、组成一个橡皮章。

制作橡皮章的工具要求很低、很简单也很便宜，所以你随时随地都可以进行橡皮章设计。书中提供了20个例子，并都附有详细的图文描述，向你教授了制作橡皮章的具体过程，之后就看你的发挥了。希望在看完这些例子后，你能发挥想象，制作出属于自己的橡皮章。

在本书中，你可以看到各种花草、植物、野生动物以及建筑的照片，我生活的地方是多么美丽（我的主页上还有更多美丽的照片，www.geninne.com）。它们是我灵感的源泉，或许也能给你带来灵感。通过这些照片，我希望你能关注你周围的美好事物，也许它们就在近在咫尺的后院中。希望你能像我一样，从橡皮章设计中找到快乐！

格宁·D.兹拉特基斯

Geninne D. Zlatkis

橡皮章基础知识

你或许是一名资深的橡皮章设计者，或许是一个新手。当你们翻开这本书时，如果不是出于对橡皮章设计强烈的兴趣，那么，我想你们应该是被书中这些橡皮章图案所吸引了吧。这本书不仅可以为你带来一些设计灵感，也可以帮助你实际制作橡皮章。尽管我们常说一项工程往往始于一个想法，但正是人类手中挥舞的工具、材料和技术才使脑海或图纸中的创意得以实现。

最重要的这一刻

从一个简单的图案开始，如一片简单的叶子图案，再由易入难。如果之前从未接触过这项工作，你可能需要一段时间来熟悉雕刻工具（P18雕刻和制作橡皮章）。在练习时，确保你享受这过程，记得你现在所做的一切都是学习的机会！

想法

制作橡皮章中最困难的是设计雕刻的图案。不过，我建议你在开始设计时，先别想这件事，而是注意观察你周围有什么颜色或材料。观察是万事成功的开端。观察得越多，你越容易发现灵感其实就来源于你家的后院。

我的很多灵感就是从遛狗的路上得到的。我很庆幸自己生活在一个自然环境分外优美的地方，不过，即使在市中心或者城郊，触动灵感的事物也不少。我的建议是，最好拿着相机或写生簿出门。去公园或植物园走走，逛个花店或看看沿街的橱窗和绿化带，也许这些就能让你才思涌现。

看书也是一个获得灵感的好方法。当我创意枯竭时，翻看植物图谱往往能让我迅速产生新的灵感。上网搜索也是一种开阔思维的有效途径。例如，上网看看你所居住的地方有哪些动植物，或者直接在网上开启一段植物学家的世界之旅。

工具和材料

制作橡皮章的工具和材料都很便宜。有些工具或许你在制作其他工艺品时也会用到。P18中详细罗列了所需工具。接下来的详解将帮助你熟悉这些必要的工具。

图样

P126~133提供了本书中使用的所有图样原图。我还另外提供了50个图样。你可以在各种不同的场合交互使用这些图样。

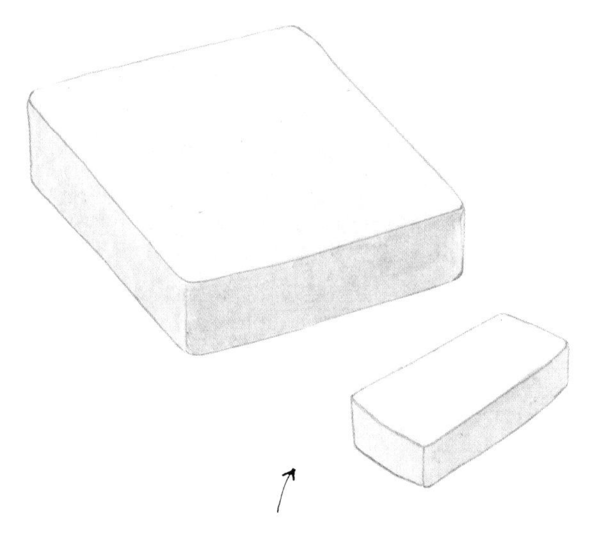

柔软的橡胶雕板

雕板

市场上有许多材质柔软的橡胶雕板。本书中使用的大多是比较厚实、柔软的白色橡胶雕板，比如白色橡皮。我之所以中意它，是因为它很厚实，不需要另外垫背景板，而且你还可以很容易用手指握住它。这些雕板通常在当地工艺品商店和网上均可买到。我不推荐毡毛织物类的雕板，因为它需要配合特殊的印油和专用的油墨滚筒才能使用。

转印材料

我们还需要把设计图上的线条转印到橡胶雕板上。所需的材料包括透写纸、软铅笔、骨质刀或小调羹。一般用2号铅笔就可以把设计图透写到橡皮上。用骨质刀或小调羹的柄摩擦透写纸也可以达到此目的。如果你很熟悉纸类艺术，骨质刀肯定已经在你的工具包里了。

切割和雕刻工具

手边放把剪刀可以方便裁纸和布。为了将图案外多余的橡胶雕板切掉，你还需要一把美工刀或工具刀。它们能使橡皮章的边缘变得整齐，并根据需要把橡皮切成小块。

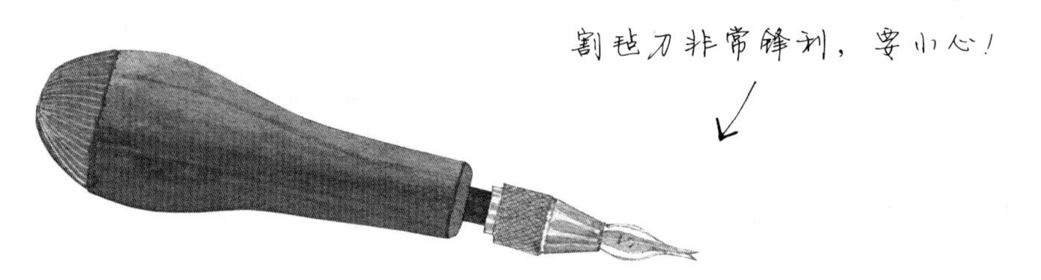

剪刀

美工刀或工具刀

你需要有一把割毡刀，常用品牌的割毡刀通常都配有塑料或木头柄，并且可以更换刀头以雕刻各种粗细的线条。也有一些割毡刀的刀头和刀柄是固定的，不能更换。如果你已经有类似的割毡刀或木工刀，请使用已有的工具。

刀具生产商通常会对其生产的刀头进行编号，以区分刀头粗细。在我使用的品牌刀具中，我一般用1、2、5号刀头。1、2号刀头通常用于雕刻细小的线条和细节，5号刀头用于去除橡皮章中无需被印出来的大块区域。如果你已经拥有其他雕刻刀具，也可以按照上面的要求酌情使用它们。

印油

书中使用的印油是防水、无酸、无毒的，可以在工艺品商店和文具店买到。在织物上印图案时，必须购买织物专用印油。大多数织物印油还必须配有电熨斗。如果有电熨斗的辅助，原本不适用于织物的传统印油也可以在织物上维持一段时间。但这些织物一经洗涤，会逐渐褪色。如果你坚持要那么做，最好先在一小块织物上试验一下印油的色牢度，再将其应用到最终需要印制的织物上。

印台也有不同的形状和尺寸。标准的矩形印台能满足大部分的需求。不过，你也可以使用小巧的猫眼形印台，尤其是在细微部分使用不同颜色的时候。

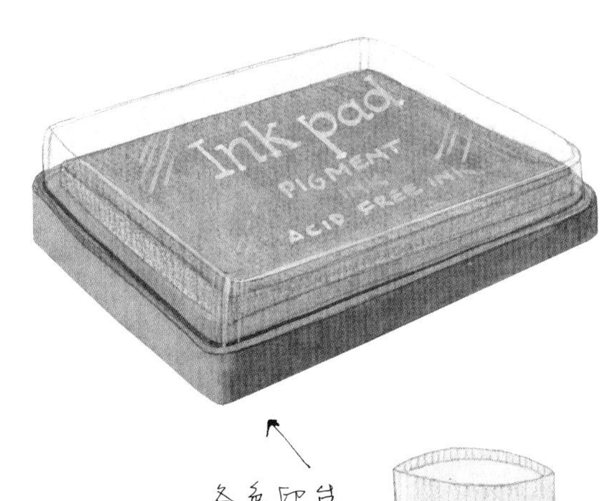

印制表面

我们通常会根据橡皮章来选择不同的印制表面。表面越光滑，越能体现橡皮章的细节效果。而在比较粗糙的表面，橡皮章看起来会有纹理效果（P22图A）。一般来说，我们会在浅色表面上使用深色印油，反之亦然，但并无标准，不要忘记体会制作橡皮章时的快乐！橡皮章更适合无光表面，因此在选择纸张或织物时需要考虑这些因素。

纸张

我们一般会选择无酸档案纸，以使橡皮章的图案更持久，不过任何纸都可以作为载体。经过各种处理的水彩画纸（或光滑或粗糙）也很常用。其实你能想到的任何纸都能使用。记得多准备一些充足的样纸，当你完成一个新的橡皮章后，就可以在它们中不断试印，直到印出最好的效果。

织物

在织物上印制前，最好能对织物进行清洗、烘干和熨平。因为织物通常会缩水，在缝制前最好也能清洗和烘干。使用织物印油时，请按照产品的说明书来操作电熨斗。

其他印制表面

我们几乎可以在任何表面上印制图案，但最重要的是记住，在制作前必须确保印制表面是绝对干燥和干净的。粉刷过的墙壁、法式滤压壶保温罩或者石头都可以作为印制表面，但要记得保持这些表面的干燥和干净。

注重细节

如果想要设计出更加精美的橡皮章，你需要一些绘画颜料和画笔来画龙点睛。你可以在纸张或其他非织物类的表面上，用液体丙烯、水彩、荧光、金属颜料、工艺漆等塑造出你想要达到的效果。在织物表面印制时，也可以用一些织物专用颜料来展现你的创作力。

带我回到过去

我酷爱把橡皮章图案印到旧纸上。这一片片小纸上的图案，时常会唤起我不同的时空感受，从维多利亚时代到复古时期，它们能完美地表现出我的橡皮章。你可以在跳蚤市场或者奶奶家找到这些旧明信片、旧标签或老式包装纸。网上也有许多售卖旧纸的商店，只需点击就能购买。

胶

胶没什么特别的，只需PVA（聚醋酸乙烯酯）胶和订书胶即可。为防止起皱，你还可以去艺术品商店买一些质量较好的专用订书胶来使用。

PVA胶或白胶

其他工具和材料

我们可以利用其他工具增强橡皮章的设计感，若有兴趣，还可以考虑使用一些刺绣、珠子、宝石和细绳等。

缝纫机

一些橡皮章设计，比如P84的法式滤压壶保温罩和P96的3只小鸟靠垫套，这些都需要用到缝纫机。因为不需要娴熟的缝纫技巧，初学者也很容易上手。

刺绣线和针

刺绣可以为橡皮章增添有趣的纹理效果。人们往往会选择在织物上缝纫，为什么不试一下刺绣呢？为了达到完美效果，在刺绣时最好使用绣花箍。更多手工缝制指南请参见P29。

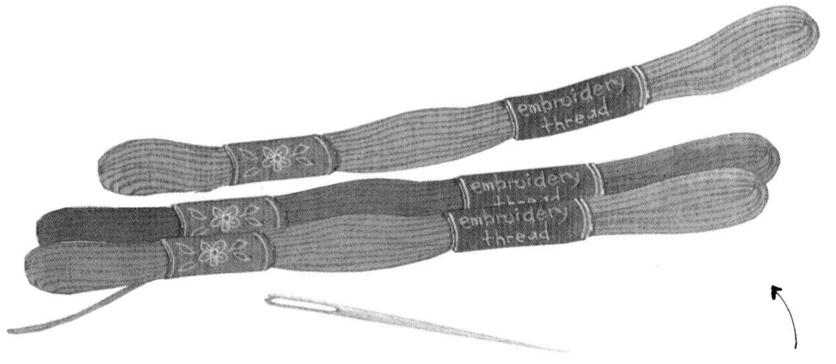

各种漂亮的刺绣线

珠子和宝石

珠子也能增添设计效果。在橡皮章上缝些小串珠，或在适当的位置上点缀一些宝石，都能起到画龙点睛的效果。

细绳

细绳、麻线、皮筋或拉菲草都可以用来包装作品。

技术

本部分将介绍所有雕刻橡皮章和制作完美橡皮章的各种技术，包括基本的橡皮章设计原则以及装饰品的手工缝制技术等。

雕刻和制作橡皮章

按照下述步骤去做，你就不会出错，这些步骤对于橡皮章制作而言是必不可少的。所以慢慢熟悉这个过程吧，毕竟熟练使用工具、掌握雕刻技术都需要不断的练习和花费一些时间。一旦你掌握了这些基础技术，就可以开始制作橡皮章了。

必需物品

首先，要准备工具和材料。下面方框中罗列了一些基本材料。当然，针对每一个特定的橡皮章可能还会需要一些特别的工具和材料。

- 透写纸
- 软铅笔——2号软铅笔即可
- 骨质刀或小调羹
- 橡胶雕板或白色橡皮
- 割毡刀（1、2、5号刀头）
- 美工刀或工具刀
- 印台

制作步骤

1．确定设计所需的图案，你可通过翻阅书籍、杂志、自己的摄影作品或画作等寻找灵感。我在书后提供了70种橡皮章图样。用软铅笔把图形或图样描到透写纸上吧（图A）。

2．在雕刻橡皮章前，先将印油抹在橡皮表面。注意：这一步骤是机动的。我从一本日本的雕刻书上看到了类似的方法，并发现这样做会对之后的雕刻很有帮助。当你在有色表面进行雕刻时，可以清晰地看出雕刻的痕迹。将橡皮正面朝上放在桌上，再将印台反过来，印在橡皮章上。用力压一下印台，以使印油充分印至橡皮上。然后，花15分钟让印油干一下，在流水下用中性肥皂冲洗。这样，橡皮表面就不会褪色，同时又可以保持洁净了。用纸巾擦干橡皮表面（图B）。

3．把需要转印的透写纸放在橡皮上，将软铅笔描过的那一面朝着橡皮表面，并用一只手按住。将纸张固定住，用骨质刀或调羹柄沿着图案线条摩擦纸的背面，摩擦时必须要保持力度均匀，直至图案被转印至橡皮表面。完成后，揭开透写纸的一角，慢慢抬起纸，并检查橡皮表面图案的转印情况。如果转印不够清晰，就需要放下纸，再度进行摩擦，直至转印图案清晰为止（图C）。

翻转

当你用透写纸把图案转印到橡皮上时，橡皮上的图案应该是反的，这样，印出来的橡皮章图案才会是正的。如果没有把透写纸反过来转印，纸上印出来的图案就会是反的，就像镜子里的倒映一样。当图案中有文字时，翻转的步骤会显得更为重要。

4．用带1号刀头（最细）的割毡刀勾勒出图案的线条。注意不要用力过猛。雕刻时，要保持刀头与水平面呈30°角，且不能使刀锋深入橡皮表面，就像用铅笔或钢笔一样使用它。由于割毡刀的刀头略带弧度，所以你就像用调羹或小铲那样挖橡皮就可以了（图D）。

注意安全！

由于刀头很锋利，所以雕刻时必须要注意安全，通常我们都会将刀头朝外。如果需要改变雕刻方向，你还可以转动橡皮，以保持刀头朝外。

注意：我喜欢在橡皮下放一张透写纸，以便橡皮转动。

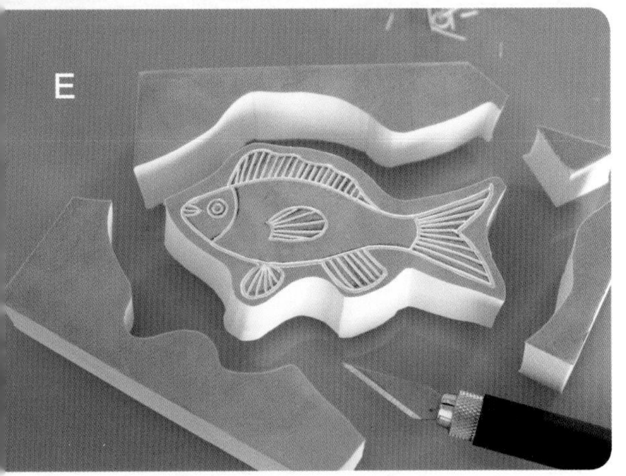

5．当你用割毡刀将图案的所有线条都雕刻完成后，用美工刀或工具刀沿着图案最外围的线条，把多余的橡皮切掉。这可是一项精细活！记得，在做这一步时，一定要保持线条的清晰和干净，力求做出完美的橡皮章（图E）。

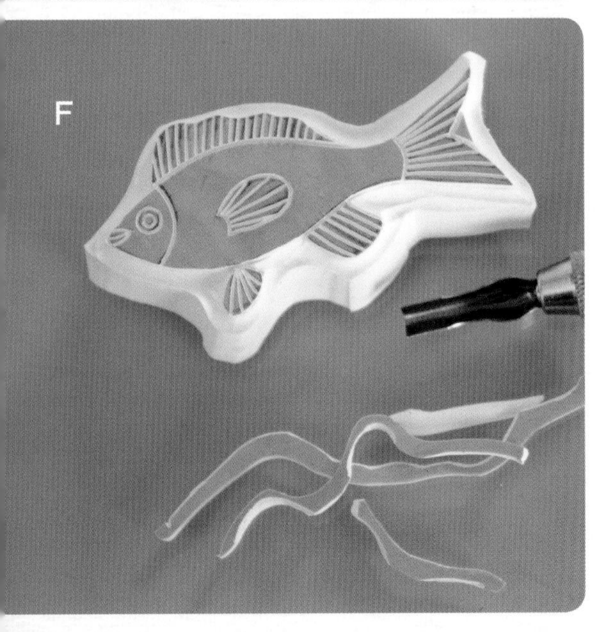

6．用带5号刀头的割毡刀将最外围线条周围的橡皮切掉，使外围线条清晰地呈现出来。再换回1号刀头，仔细清理每个角落（图F）。

7．之后，用温水和中性肥皂清洗橡皮，把其中的碎屑都清理掉。擦干橡皮，在上印油之前干燥几分钟。

8．把刻好的橡皮章图案朝上放在工作台上，再将印台反过来压在橡皮章上，用力按压印台，以使印油完全覆盖于橡皮章上。注意：这是我喜欢的一种给较大型橡皮章上印油的方法。对于一些小型橡皮章，拿起它们，直接往印台上按压即可。

9．先在一些样纸上试印查看效果，将橡皮章均匀用力地向下按，以清晰地呈现出图案。通过试印，你可以轻松发现其中漏雕的部分，并马上返工（图G）。

10．如果试印满意，就把工作台清理干净，以确保没有会影响橡皮章效果的橡皮屑和其他零碎物品。将最后要印制的纸平放在工作台上，将橡皮章均匀用力地向下按，印制就完成了。

11．你也可以把橡皮章设计成渐变的颜色。在之前的着色基础上，从另一个需要渐变着色的印台中取出印油，轻拍在橡皮章的边缘。注意：我就在小鱼的鳍和尾巴部分使用了渐变色（图H）。

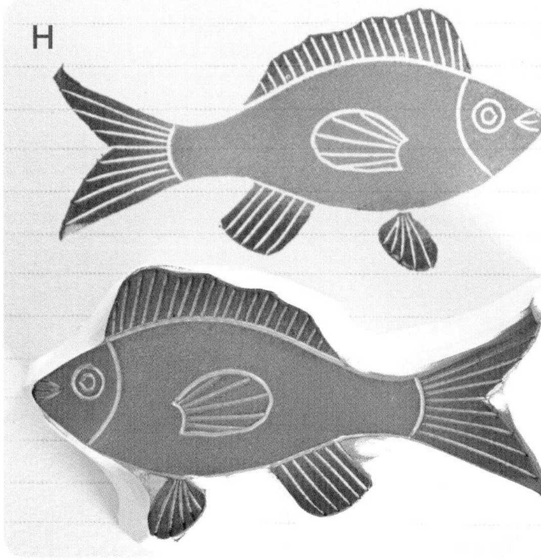

阳文和阴文

雕刻橡皮章的方法有阳文和阴文两种，你可以根据个人喜好进行选择。如果是阴文，只需把图案的线条雕刻出来，保留其他部分即可，我做的小鱼橡皮章就采用了这种雕刻方法。

注意：阴文是我的最爱，因为这种方法可以雕刻出更多细节。这就像拿铅笔描画一样，用1号刀头慢慢雕刻即可。若是阳文，就需要雕去大块橡皮，只保留线条部分。从右图可以看到这两者的区别。图片中间是阴文图章，其上下分别是阳文印章和图章。更多案例请参见P23。

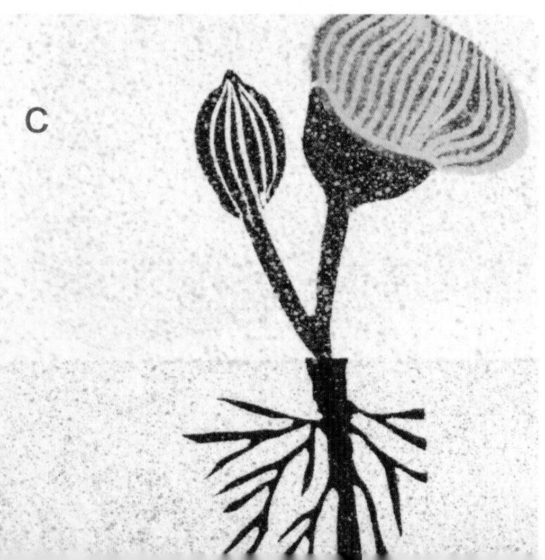

设计

现在，你已经了解了雕刻橡皮章所需要的工具和材料，以及制作橡皮章的步骤，接下来，我们将向你展示橡皮章设计的基本技术。但是设计这个主题是没有任何限制的，我们只是想用下述内容来开发你的设计潜力。总而言之，美就在艺术家的眼中，也就是说，你需要发现你觉得赏心悦目的事物。发现美的唯一方法就是玩——谁会拒绝玩的邀请呢？

纹理

印制表面决定了印制的纹理。粗糙的表面（图A）也许无法完美表现出橡皮章的细节，不过凹凸不平的表面可以使你的橡皮章图案看起来非常有趣。当你在光滑表面（图B）印制时，橡皮章的细节就能彰显无遗、纹理清晰。如果你想再增加一些背景纹理的话，那么你还可以在印制图案前，将印台反过来像橡皮章一样轻轻地在纸上印一下（图C）。

重复制作

要知道，用同一个橡皮章重复不断地印制是一件很有趣的事情，这会大大打开你的创作思维。也许第一眼看起来是一样的，但永远不会出现两幅一模一样的橡皮章图样。例如，图A中浮在水中的鸭子与图B的比较，其印制角度就稍有不同。因此，艺术家仅用一枚橡皮章就能创作出很多个作品，比如，你可以在印制时变换橡皮章的角度和方向、改变印制的力度、更换橡皮章的着色等。

正空间和负空间

当橡皮章中雕掉的部分未被着色，橡皮章图案中显示的是剩余部分时，我们称其为负空间。相反，正空间是指橡皮章表面未被雕刻掉的、着色的、印制时出现在图案中的部分。上图就是同一幅叶子图样用两种雕刻方法制作出来的不同效果。

因此，根据你的特长，选择不同的雕刻方法，试着对同一幅图案进行有趣的橡皮章创作吧。

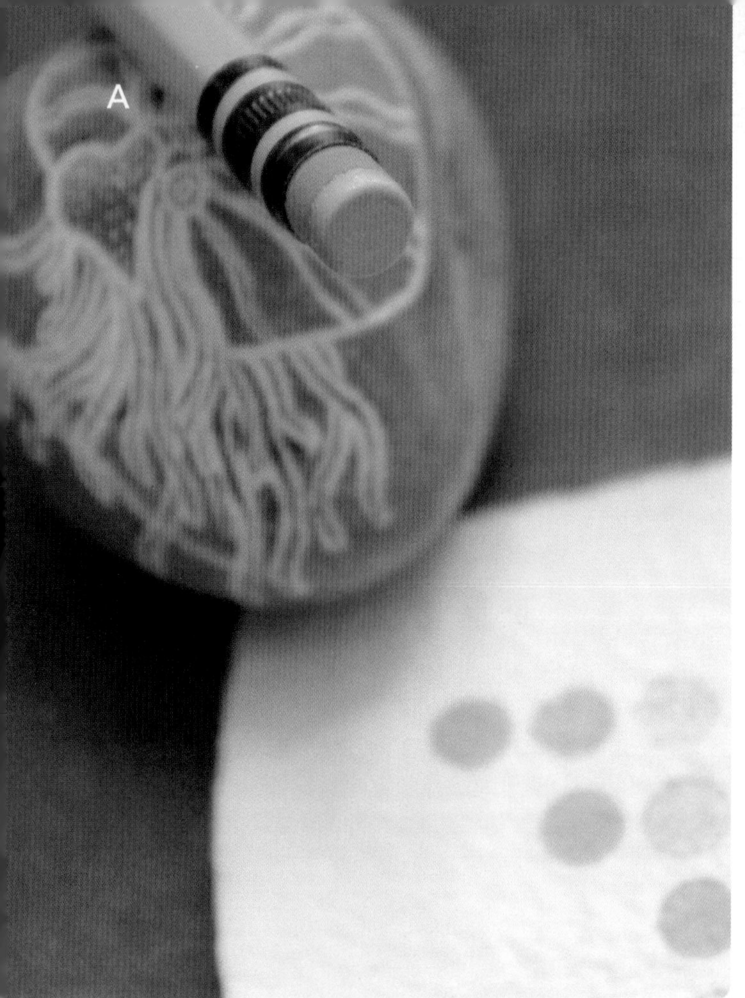

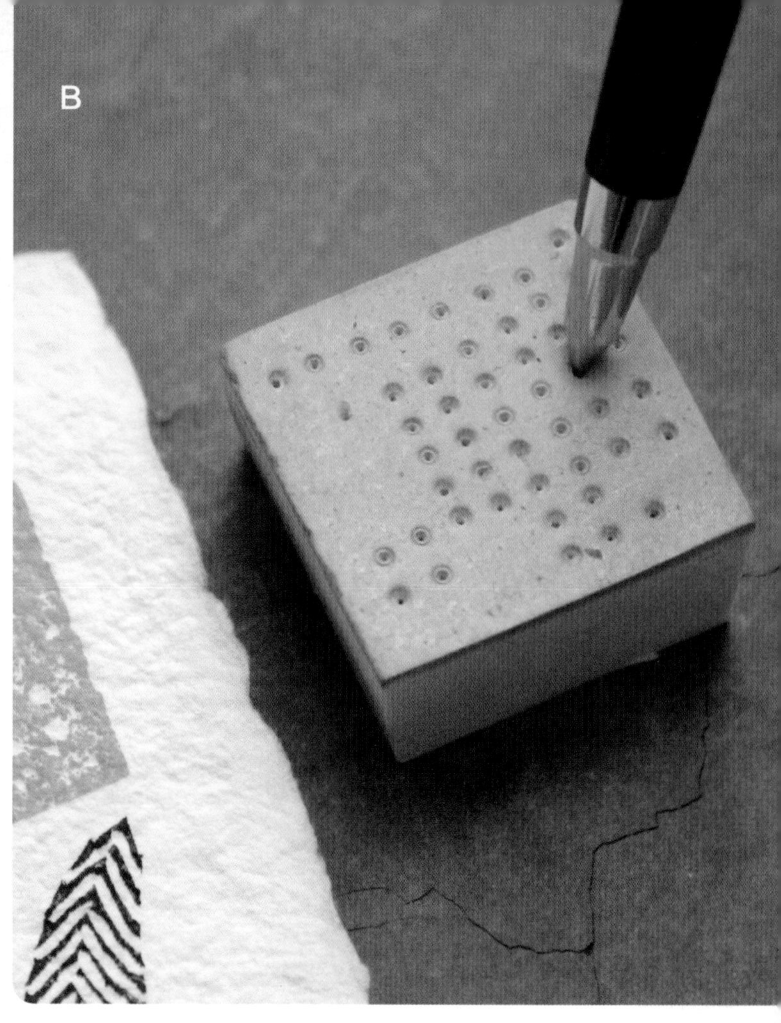

装饰图案以及有规律的排列组合

装饰图案可以增加橡皮章的背景效果，也可以单独用于创作。我常会用铅笔的橡皮头来制作点状图案（图A）。注意：为了制作规律排列的装饰图案，我们需要在重复印制装饰图案时控制力度，由轻至重不断变换。我常用的方法是，用圆珠笔在一块橡皮上有规律地钻洞（图B）。再在完成装饰图案后，将正式的橡皮章印在这些背景上（图C）。

C

线条

千万别小看线条的用处。无论是交叉线、斜线、弧线还是波浪线，都是重要的设计元素（图D）。尝试用不同粗细的刀头雕刻线条。橡皮章上看似随意排列的短线条，也许能为你带来意想不到的背景纹理，这招可谓屡试不爽。

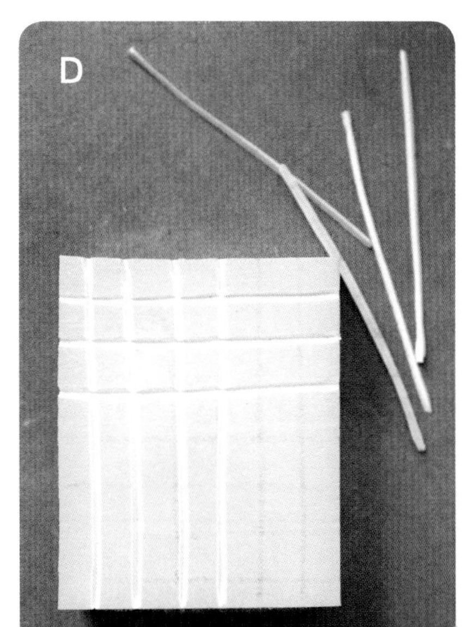
D

A

B

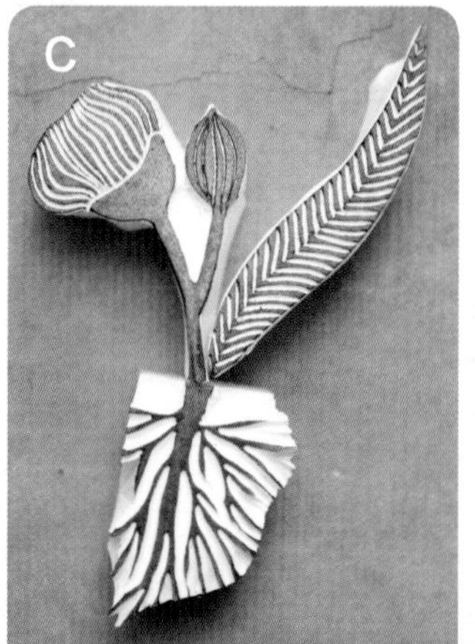
C

D

组合

尝试着把图案印制在一起。用若干独立的橡皮章来制作一个组合设计。最简单的就是围绕同一主题，单独制作几个不同图案的橡皮章（图A）。虽然每个橡皮章图案单独印制出来已经很美了，但如果你把它们组合起来的话会更棒（图B）。

用两个或更多橡皮章来创造新的设计（图C）。看看它们组合在一起印制出来的有趣效果吧（图D）。如果你只想使用一个橡皮章，也可以将其上下颠倒进行印制，这样组合在一起会非常有趣（图E）。组合设计时并不局限于横向排列，不妨考虑一下纵向排列（图F）。设计的关键在于：不断对设计进行调整，直到获得你想要的效果。

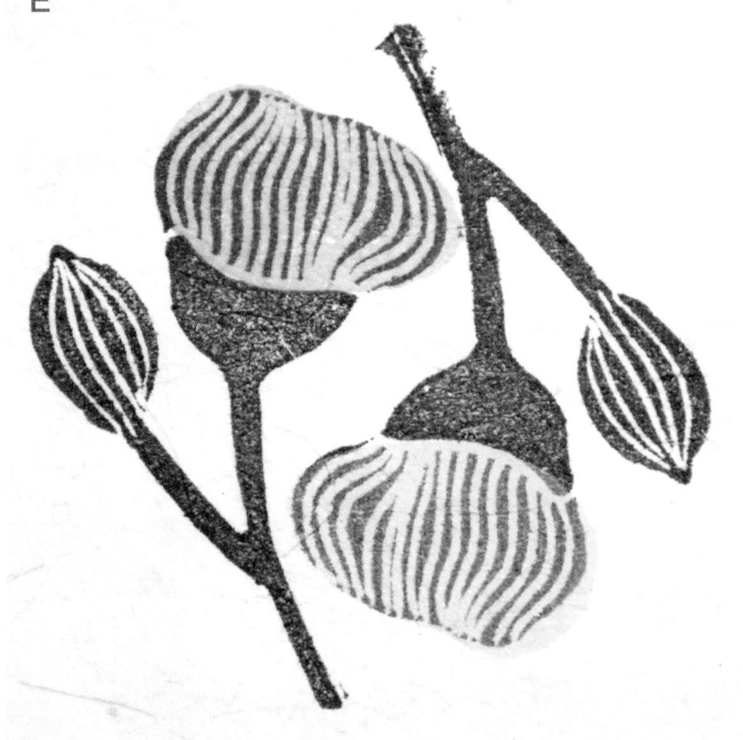

颜色

颜色在设计中重要吗？当然！你可以从图A中看到颜色的力量，我只是用了两个颜色，效果就大不相同了。注意：当你想要增加颜色时，并不需要给橡皮章另外着色。一个简单的方法是，为需要换色的图案部分另外制作一个橡皮章。在图B中，你可以看到，我又制作了一个叶子形状的橡皮章，当然，形状必须与之前的叶子相吻合。我先用带柄的叶子橡皮章（左），用同种颜色上下颠倒着重复印制，完成一个设计图案。再用单独雕刻的叶子橡皮章（右），涂上不同颜色的印油，在已有橡皮章图案的相应位置叠印上去。你可以根据设计心情、时间和地点来变换各种颜色。但在熟练掌握这个方法前，你需要为各种颜色做下标记，以标注出不同的使用场合。

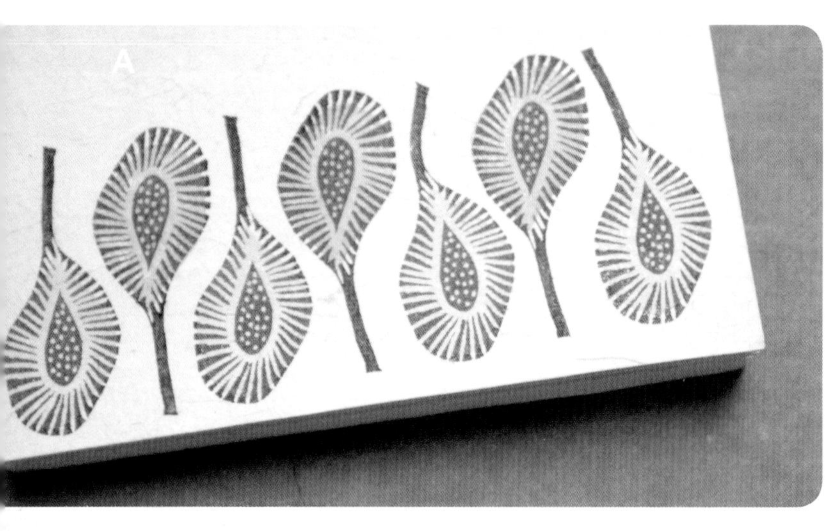

A

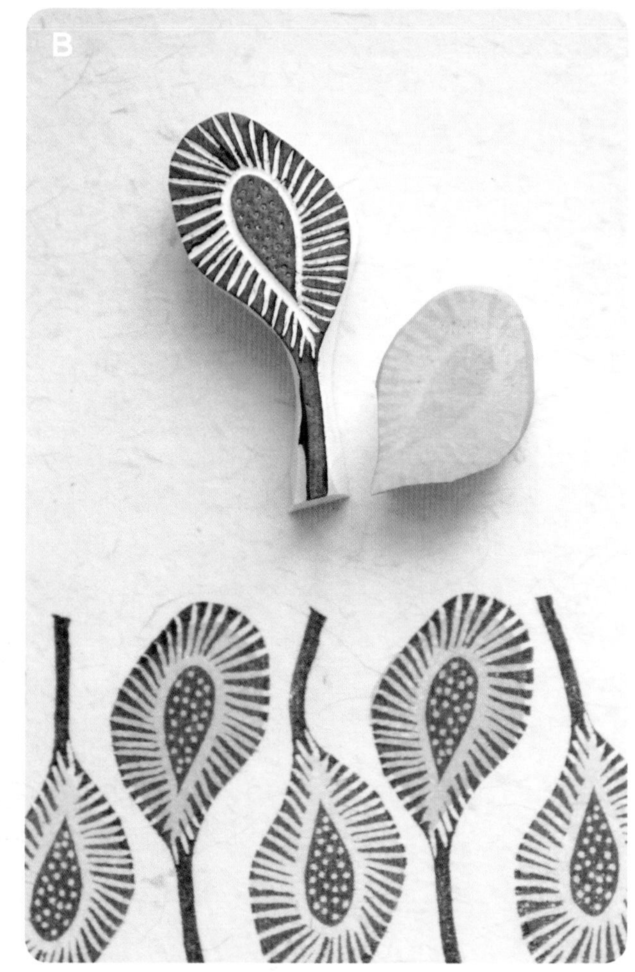

B

手工缝制

当将橡皮章图案印在纸张或织物上时，我喜欢把它和刺绣结合在一起。你只需要准备一些基本的缝制工具即可。我比较喜欢跳针绣，我在为绣花仙人掌手提包（P80）缝制外侧口袋以及为小鸟别针（P88）收口时都使用了这一针法。我鼓励你在设计中要多加入一些刺绣元素，使用你最得心应手的刺绣针法来为橡皮章画龙点睛吧。

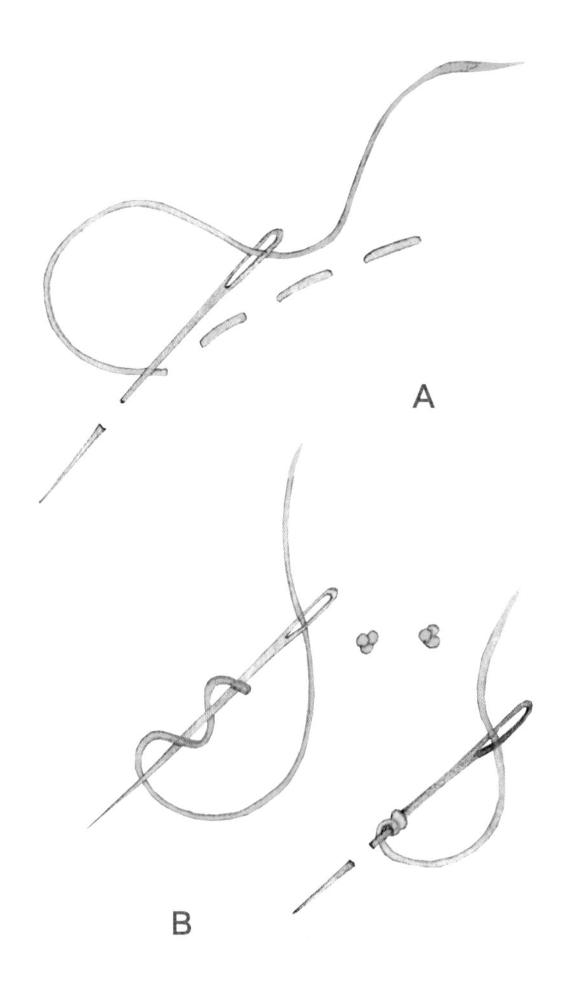

直针绣和跑针绣

在织物上等距离地缝针（图A）。呈一行排列的直针绣也被称为跑针绣。

法国结

小小的法国结可以增添橡皮章图案的趣味性以及纹理效果（图B）。

跳针绣

先将线打好结，以使它固定在织物上。将针穿过织物的缝合处，把它们缝起来。穿过去之后，再从另外一面重复刚才的动作，将针穿回来，如此反复，就可以把织物缝合起来了（图C）。

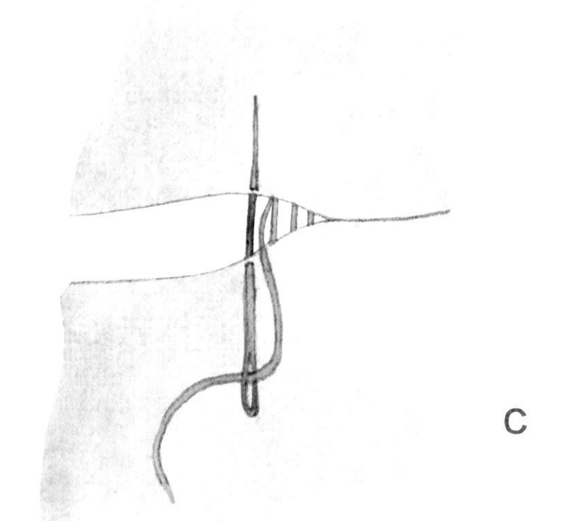

设计灵感

睁开双眼，带上一个相机或写生簿，出去走走吧。当你开始关注周围的大自然时，灵感也会随之而来。特别留心那些有趣的外形、结构、样式和色彩组合。无论你是居住在城市还是乡村，一段开心的长途步行总会为你的创作带来帮助。

No. 201
Swaziland
Swaziland
AIR MAIL
BOTSWANA
FIRST CLASS MAIL
FROM
Botswana
SWA
Dennison
60 FOR 25¢
GUMMED
LABELS
NO. 2007

纸上的橡皮章设计

橡皮章

白色的软橡皮购买方便，容易雕刻，是十分理想的工具之一。但由于其规格较小，只适合用来雕刻一些小型橡皮章。你可以将图案印制在贴纸上或其他多种场合，用来密封信封以及点缀礼品包装。

你需要什么

- 透写纸
- 软铅笔
- 骨质刀或小调羹
- 白橡皮
- 割毡刀（1、5号刀头）
- 美工刀或工具刀
- 各色印台
- 各种尺寸的圆形空白贴纸

制作步骤

1．首先使用P126的图样，用软铅笔把图样描绘在透写纸上，再用骨质刀或调羹柄将图样转印到橡皮上（P19）。小贴士：源于自然的设计草图能大大激发我们的灵感（图A）。试着创造属于你自己的设计——所需的只是一点时间、几张纸和笔而已。

2．用割毡刀把橡皮上的图样雕刻出来。注意：必须要把所有的空白空间都雕掉。就像你用画笔流畅地画出最美的线条一样，用割毡刀雕刻也可以达到这种境界。雕刻完成后，用温水和中性肥皂清洗橡皮，晾干。

A

ERASER STAMPS

3．先在其他样纸上试印。控制力度，尽量使橡皮章图案清晰、深浅均匀。轻柔地把橡皮章按压到印台中，然后再印在纸上。

礼品签

如果你也和我一样喜欢礼品签，那么你一定会嫌自己的礼品签不够多。我太习惯于使用它们了，以至于包装上没放礼品签时，总会觉得少了些什么。

你需要什么

- 透写纸
- 软铅笔
- 骨质刀或小调羹
- 橡胶雕版或白橡皮
- 割毡刀（1、5号刀头）
- 美工刀或工具刀
- 各色印台
- 各种形状和尺寸的空白标签或各式装饰纸

制作步骤

1．依旧使用P126的图样，用软铅笔将图样描绘在透写纸上，再用骨质刀或调羹柄将图样转印到橡胶雕板或橡皮上（P19）。

2．用割毡刀雕刻橡胶雕板或橡皮。就像用画笔流畅地画出最美的线条一样，用割毡刀雕刻也可以达到这种境界。雕刻完成后，用温水和中性肥皂清洗橡皮，晾干。

3．先在其他样纸上试印。控制力度，尽量使橡皮章图案清晰，而不是深深浅浅。轻柔地把橡皮章按压到印台中，然后再印在纸上。

4．用不同颜色的印台把图案印在空白标签上，晾干备用（图A）。

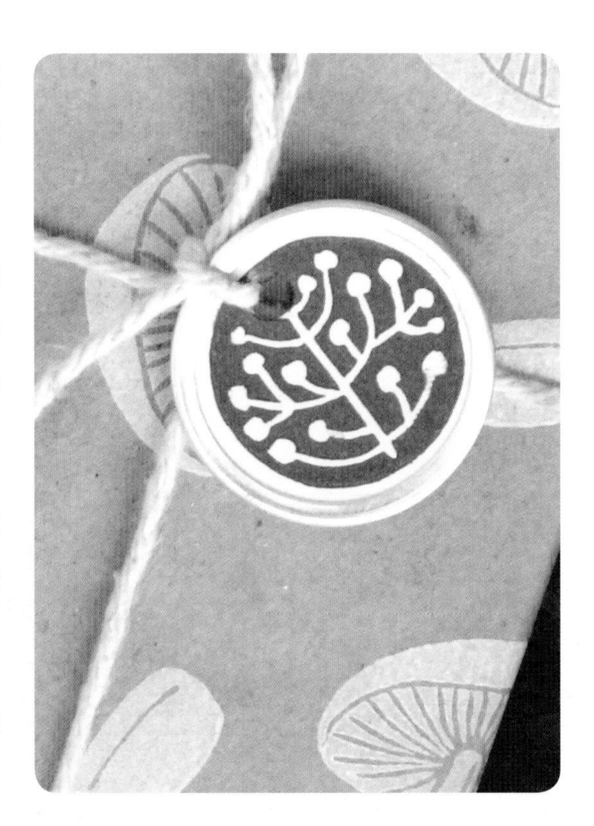

A
To:
From:

小贴士：

市场上有各种形状和大小的空白标签可供选择。当然，你也可以废物利用，比如报纸、食品盒或包装纸。首先，按照想要的大小和形状剪出标签，再用打孔机在标签上方钻一个小洞。我有一个很棒的适合各种标签的打孔机。

信笺

尽管我们生活在短信、推特和邮件时代，但手写书信艺术依旧存在。若在带有优美的橡皮章的信笺上写字，笔迹也会显得格外好看吧。

你需要什么

- 透写纸
- 软铅笔
- 骨质刀或小调羹
- 橡胶雕版
- 割毡刀（1、5号刀头）
- 美工刀或工具刀
- 各色印台
- 各式信笺，包括信纸、信封和明信片

制作步骤

1．使用P128的图样。用软铅笔把花朵图样描绘在一张透写纸上，再单独将花蕊部分描绘在另一张纸上（图A）。用骨质刀或调羹柄将图样转印到橡胶雕板或橡皮上（P19）。

2．用割毡刀在橡胶雕板或橡皮上雕刻。就像你用画笔流畅地画出最美的线条一样，用割毡刀雕刻也可以达到这种境界。雕刻完成后，用温水和中性肥皂清洗橡皮，晾干。

3．先在其他样纸上试印。注意要控制力度，尽量使橡皮章图案清晰、深浅均匀。对于较大的橡皮章，我喜欢将其正面朝上放置，然后将印台反印在橡皮章上，再用力按压印台以使印油均匀地附着在橡皮章上。

4．如果你只想印出局部的花朵图案，你也可以在你想印制的纸张下垫一张废纸，只将局部橡皮章印制在纸上。

5．你还可以单独使用圆形花蕊橡皮章，印制出一些装饰背景。

小贴士：

橡皮章设计真正的乐趣来源于将其印制在周围不同的载体上。一旦雕刻完几个橡皮章后，你就可以用不同的颜色组合、局部印制以及较小的图样，来创作新的艺术设计了。

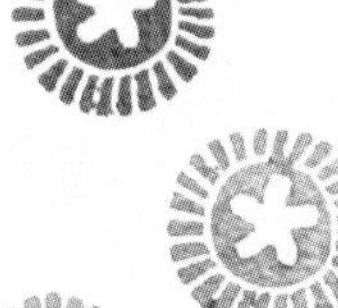

藏书标签

对于书虫朋友而言，这也许是最好的礼物。当你买了一本新书时，夹一张特别设计的藏书标签绝对是一件很开心的事吧。不过，要记得在藏书标签的橡皮章中适当留白，以填写一些个性化的题词。

你需要什么

- 透写纸
- 软铅笔
- 骨质刀或小调羹
- 橡胶雕版
- 割毡刀（1、5号刀头）
- 美工刀或工具刀
- 黑色或深棕色印台
- 各色光滑无酸纸
- PVA胶水

制作步骤

1．使用P126上的图样。用软铅笔把图样描绘在透写纸上，然后再用骨质刀或调羹柄将图样转印到橡胶雕板上（P19）。

2．用割毡刀在橡胶雕板或橡皮上雕刻。就像用画笔流畅地画出最美的线条一样，用割毡刀雕刻也可以达到这种境界。雕刻完成后，用温水和中性肥皂清洗橡皮，晾干（图A）。

3．先在其他样纸上试印。控制力度，尽量使橡皮章图案清晰、深浅均匀。对于较大的橡皮章，我喜欢将其正面朝上放置，然后将印台反印在橡皮章上，再用力按压印台，使印油均匀地附着在橡皮章上。

A

EX LIBRIS
CALLIGRAPHY FROM THE COURT OF
THE EMPEROR RUDOLF II
EX LIBRIS
EX LIBRIS

4．将无酸纸裁成合适的大小。小贴士：最好把雕板放到书上，以确定书签的实际大小，即在橡皮章图案之外还需要留出多少空白边框（图B）。

5．用黑色或深棕色印油在裁切好的无酸纸上印制藏书标签，晾干印油。

6．用PVA胶将藏书标签贴在书的内封页，在书签的空白处（小鸟下面）写上你的名字。

小贴士：

橡皮章设计的魅力就在于你随时可以使用它们，尤其当你在为朋友制作礼物时，它的用处就更广了。比如，印制一些藏书标签的复本，并为每一个标签配上一个小信封。

包装纸

轮到包装环节了，如果想自己制作一点特别的包装纸，那么就雕刻一些不同形状和大小的橡皮章吧，这能给你带来许多设计灵感。首先，确定主题。本书以蘑菇作为主题，当然你也可以根据兴趣选择任何主题，比如小鸟、花或树叶。

你需要什么

- 透写纸
- 软铅笔
- 骨质刀或小调羹
- 橡胶雕版
- 割毡刀（1、5号刀头）
- 美工刀或工具刀
- 白色印台
- 各色纯色纸
- 各色装饰纸
- 黄麻绳
- 带橡皮章的礼品签

制作步骤

1．使用P128的图样。用软铅笔把蘑菇图样描绘在透写纸上，然后再用骨质刀或调羹柄将图样转印到橡胶雕板上（P19）。

2．雕刻橡皮章。为了使橡皮章清晰，用美工刀或工具刀仔细地将图案之外的橡胶切掉。雕刻完成后，用温水和中性肥皂清洗橡皮，晾干。

3．先在其他样纸上试印。控制力度，尽量使橡皮章图案清晰，而不是深深浅浅。对于较大的橡皮章，我喜欢将其正面朝上放置，然后将印台反印在橡皮章上，再用力按压印台，以使印油均匀地附着在橡皮章上（图A）。

A

I LOVE YOU

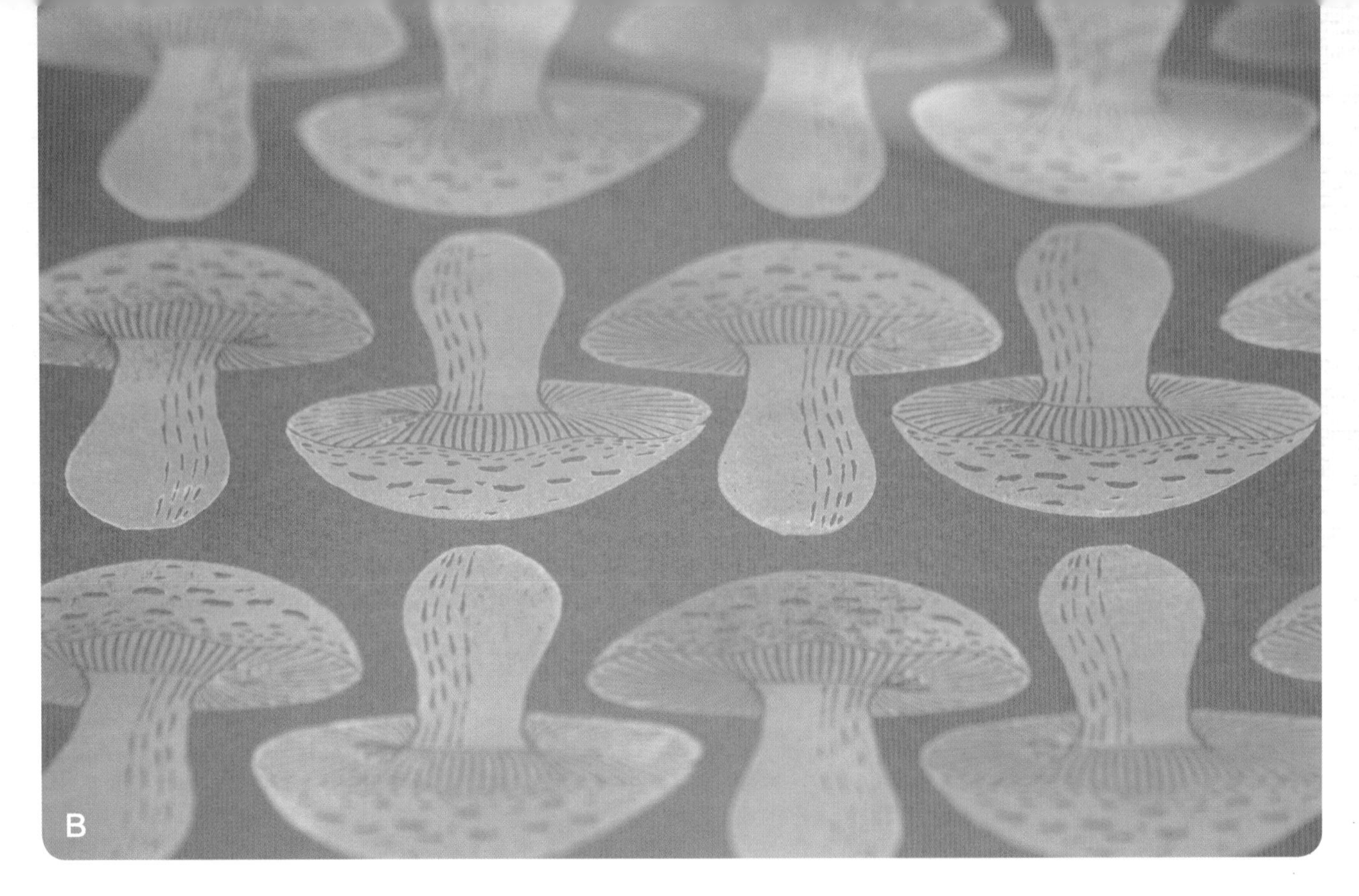

4．用较大的蘑菇橡皮章在纯色纸上重复印制，形成有规律的装饰图案，晾干印油（图B）。

5．制作另一种设计图样，先用较大的蘑菇橡皮章重复印制，以形成有规律的装饰图案，再用小蘑菇橡皮章图案填充中间的空隙，晾干（图C）。

6．用自己制作的包装纸把礼物包起来。外面再包上一层与包装纸颜色呈对比色的条状纯色纸。用黄麻绳将礼物系起来，点缀上礼品签就完成了（图D）。

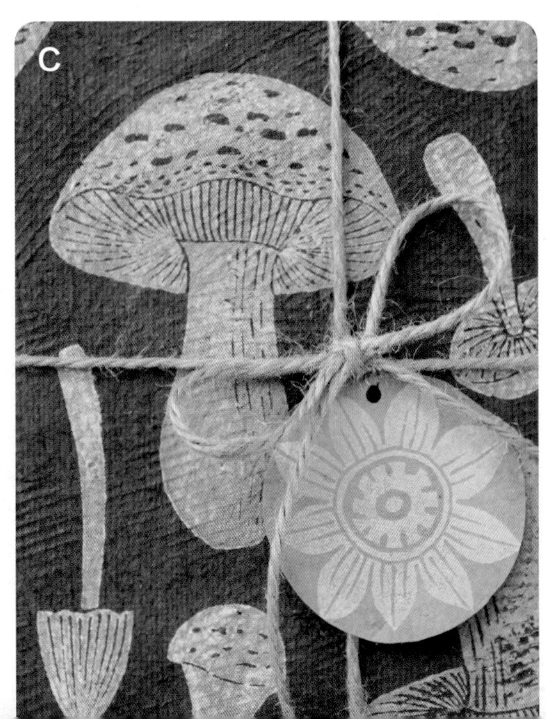

小贴士：

最后用一个带有橡皮章图案的礼品签进行装饰，这实在是画龙点睛之笔。如果你能根据自己的需要制作礼品签，就能用各种颜色和主题的礼品签来搭配不同的包装纸了。

D

相框

用带有橡皮章图案的相框来放照片和插画吧，一定非常有趣，而且极富个性。你可以在市面上购买标准边框，也可以用旧明信片、旧标签、老式包装纸或黑色纸板自己制作。

你需要什么

- 透写纸
- 软铅笔
- 骨质刀或小调羹
- 橡胶雕版或白色橡皮
- 割毡刀（1、5号刀头）
- 美工刀或工具刀
- 各色印台
- 标准边框、旧标签、老式包装纸或黑色纸板
- 古董纸（可选择）
- 切圆角机（可选择）

制作步骤

1．使用P127的图样。用软铅笔把图样描绘在透写纸上（图A），再用骨质刀或调羹柄将图样转印到橡胶雕板或橡皮上（P19）。

2．用割毡刀在橡胶雕板或橡皮上雕刻。注意：你可以将若干个图样一起雕刻在一个较大的橡胶雕板上，完成后，再将它们切开。这些橡皮章可以拼着使用，不同的拼法会在各种边框上印制出不同的装饰图样。完成雕刻后，用温水和中性肥皂清洗橡皮，晾干。

3．在制作整个边框之前，先在其他样纸上试印。先使用边角橡皮章完成相框转角处的设计（图B），再用其他图案的橡皮章填满剩余区域。小贴士：在黑色相框上最好使用白色印油。

CARD
Going to Louisville
to take in the Fair to
Mabel

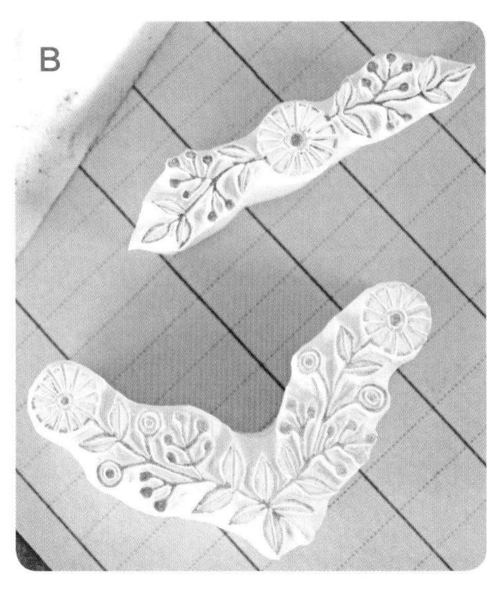

4．若相框中间的开口是椭圆形的，那么你最好使印制图案微斜着排列在开口附近。注意：你可以依照模板裁切椭圆形的相框开口。

5．有时用老式包装纸来装饰带有橡皮章的相框也是一件很好玩的事。此外，你还可以用切圆角机把相框做成圆角，再将它放到你的剪贴簿中。

小贴士：
在制作相框时，切出的开口最好比实际照片尺寸小6毫米，但对边框尺寸没有限制。

心墙艺术

如果你和我一样热爱雕刻橡皮章，那么我建议你可以随心所欲地将它们组合在一起使用。用你雕刻的橡皮章，制作一面独一无二的心墙吧。我就是用书中展示的橡皮章来制作心墙的。

你需要什么

- 牛皮纸或绘画纸，12×16英寸（30.5×40.6毫米）
- 软铅笔
- 剪刀
- 光滑的水彩画纸
- 本书中展示的各种橡皮章
- 各色印台

制作步骤

1．首先，制作你喜欢的心形模板。将牛皮纸或绘画纸对折，在上面画半个心形，再用剪刀沿着铅笔线将其剪裁下来。展开心形模板。

2．将心形模板放置于水彩画纸中间，并照着它的形状将其画在纸上。画出来的心形线条必须非常浅，尽量不要让人看出来（图A）。

A

3．把橡皮章印在心形里。注意：我先在心形的中心顶部印上了一只大蝴蝶，再沿着边框印制图案，最后才填充中间剩余部分。用最小的橡皮章填充各种空隙。用不同的颜色搭配来平衡这些橡皮章图案。晾干（图B）。

4．在外面加一个画框裱起来，挂在墙上以供欣赏。

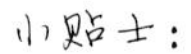

你也可以制作其他主题的墙壁艺术。选择你喜欢的模板形状，然后组合使用你的橡皮章。比如，在一个狗狗或猫猫的模板形状中印制动物主题的橡皮章图案，这一定会是送给动物爱好者的绝佳礼品；你也可以做一个花形或小鸟形的礼物送给植物爱好者。想象力是无穷的。

折叠式日志本

我想将日志与橡皮章紧密结合起来。合适的橡皮章图案能够体现出我写日志时的情绪、心境、当时观察到的事物或一念之想。制作简易的折叠式日志本，是记录和保存记忆的完美选择。

你需要什么

- 透写纸
- 软铅笔
- 骨质刀或小调羹
- 橡胶雕板
- 割毡刀（1、5号刀头）
- 美工刀或工具刀
- 各色印台
- 正方形水彩画纸，边长为2英寸（5厘米）
- 1张任意颜色的手工纸
- 平头刷
- PVA胶
- 2张正方形硬纸板，边长为5英寸（12.7厘米）
- 长条纸，5英寸宽（12.7厘米）
- 2根麻绳，20英寸长（约50.8厘米）
- 2张正方形手工纸，5英寸宽（12.7厘米）
- 陶瓷或金属挂件（可选）

制作步骤

1．使用P126的图样。用软铅笔把图样描绘在透写纸上（图A），再用骨质刀或调羹柄将图样转印到橡胶雕板上（P19）。

2．用割毡刀在橡胶雕板上雕刻（图B）。完成雕刻后，用温水和中性肥皂清洗橡皮，晾干。

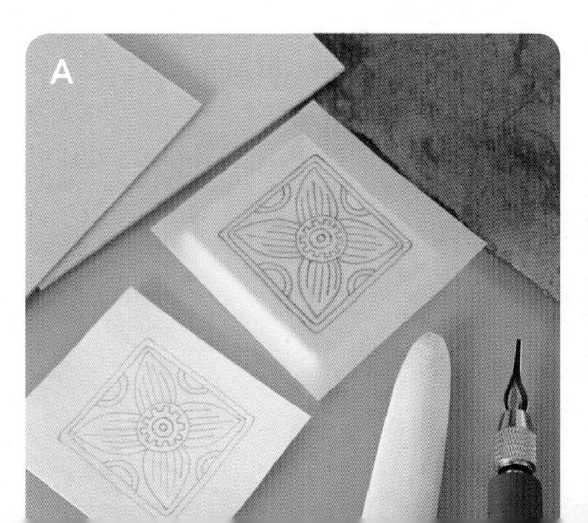

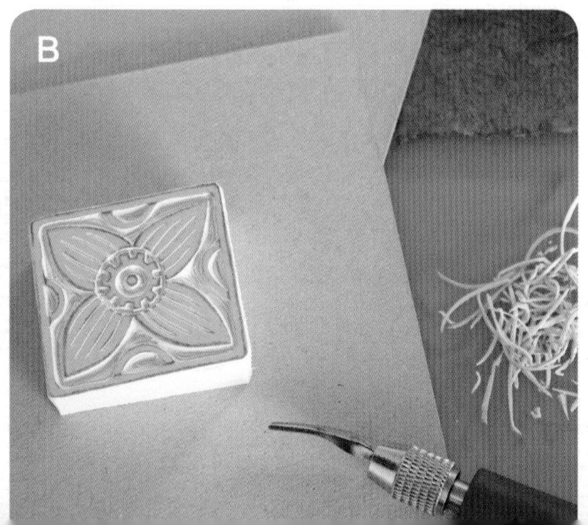

3．选择合适的印油颜色为橡皮章上色，并将其印制在边长为2英寸（5厘米）的正方形水彩纸上（图C）。将其搁置在一旁。

4．将某种颜色的手工纸反面放置，使其光滑面朝着干净、平整的工作台。将PVA胶用平头刷刷到正方形硬纸板的一面上，2张硬纸板都用同样的方法操作（图D）。

5．将涂满胶的那面朝下，把2个硬纸板粘到手工纸上，周围空出1英寸（2.5厘米）的边框（图E）。

6．用剪刀、锋利的美工刀或工具刀，沿着硬纸板周围空1英寸（2.5厘米）处把手工纸剪开。并将对角线上的角剪掉（图F）。

7．为纸板封面的留边部分上胶（图G），再叠起来，用骨质刀或调羹按压粘上去的部分，使其平整（图H）。

8．在长条纸的两头叠出2英寸（5厘米）（图I）长，用风琴折法将中间部分折成一个个边长为5英寸（12.7厘米）的正方形（图J）。

小贴士：
用日记本收集所有橡皮章，并在每一页上注明日期。

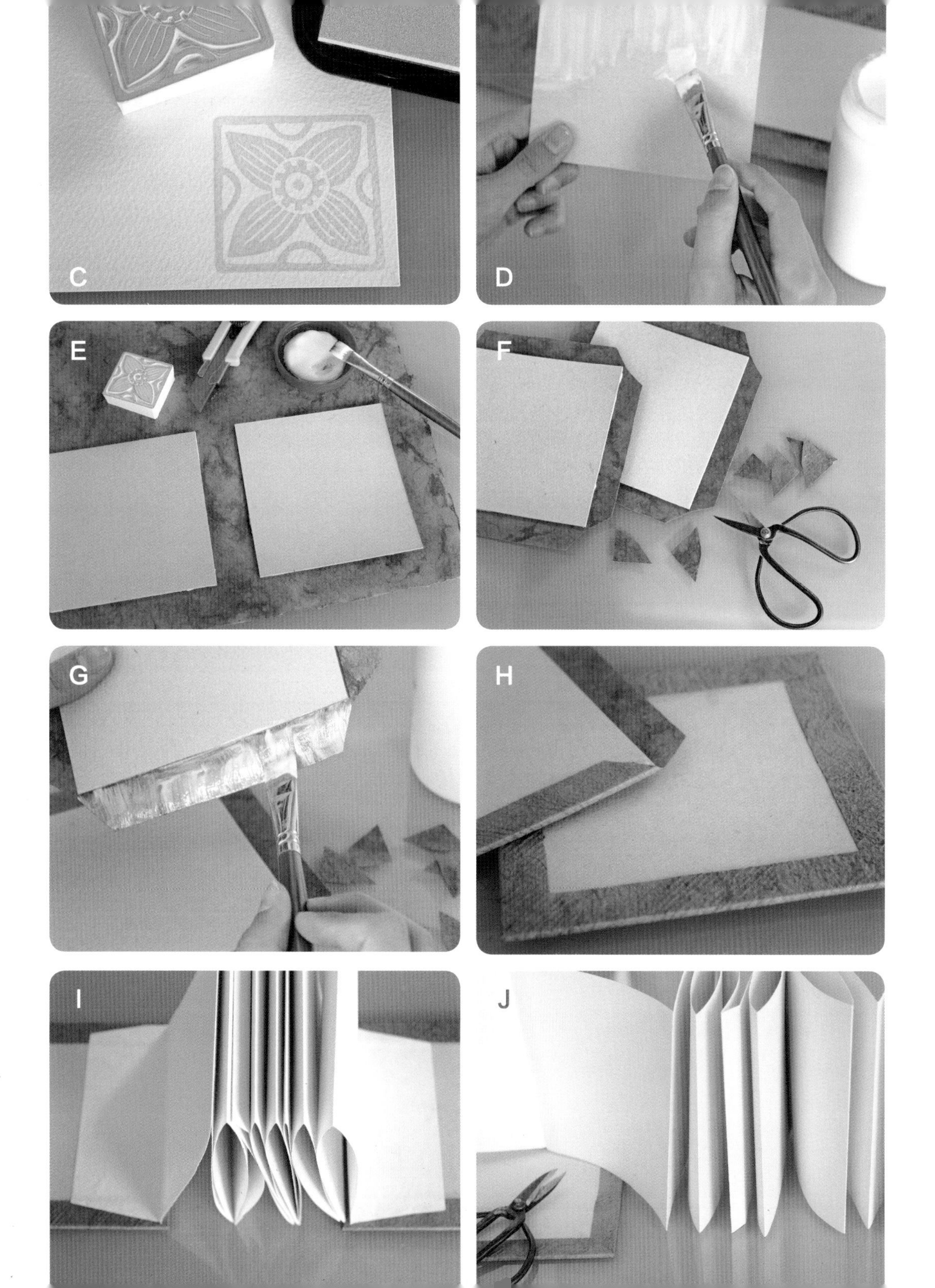
C
D
E
F
G
H
I
J

9．把首尾叠出的部分粘到刚才制作的纸板封面上。

10．在封二和封三的中间位置，垂直粘上一根麻绳（图K）。将2张边长为5英寸（12.7厘米）的正方形手工纸粘在封二和封三上，以遮盖长条纸和麻绳。

11．将第三步制作的橡皮章粘在封面的中间部位。用麻绳捆住日记本。如果你喜欢，还可以在麻绳上栓一个陶瓷或金属挂件，以增强设计的整体效果（图L）。

刺绣卡

刺绣卡打开了橡皮章设计的新世界，使橡皮章的设计元素一下子鲜活了起来。刺绣设计没有任何限制，我们可以使用各种颜色的棉线，甚至还有金属线和夜光线——这些是节日卡片的绝佳选择。

你需要什么

- 透写纸
- 软铅笔
- 骨质刀或小调羹
- 橡胶雕板
- 割毡刀（1、5号刀头）
- 美工刀或工具刀
- 各色印台
- 碎纸条
- 旧书页
- PVA胶
- 预先做好的卡片
- 缝纫机（可选）
- 小片薄纸板（食品盒也行）
- 泡沫胶垫或瓦楞纸
- 刺绣针
- 各色线

制作步骤

1．使用P127的图样。用软铅笔把图样描绘在透写纸上（图A），再用骨质刀或调羹柄将图样转印到橡胶雕板上（P19）。

2．用割毡刀在橡胶雕板上雕刻。用1号刀头雕出最细的线条。完成后，用温水和中性肥皂清洗橡皮，晾干。

3．先在其他样纸上试印。控制力度，尽量使橡皮章图案清晰、深浅均匀。

A

4．为橡皮章着色，并力道均匀地将其印制在旧书页上（图B）。对于较大的橡皮章，我喜欢将其正面朝上放置，然后将印台反印在橡皮章上，再用力按压印台，使印油均匀地附着在橡皮章上。橡皮章图案周围留空½英寸（1.3厘米），并将其剪下来。

5．用PVA胶将其粘到预先做好的卡片上，也可以用缝纫机缝制上去（图C）。注意：在这里，我用缝纫机在橡皮章图案的周边缝制了一圈。

6．设计针洞的排列。在薄纸板上画出刺绣图案，再将其放置在泡沫胶垫或瓦楞纸上，用刺绣针沿着图样用力刺穿，刺出一个个针洞。

7．展开卡片，将带洞的泡沫胶垫或瓦楞纸置于其上，将需要刺绣的位置固定好（图D）。用刺绣针照着针洞刺下去，直到卡片上留下针洞。重复操作，直至需要刺绣的地方都被打上孔为止。

B

C

D

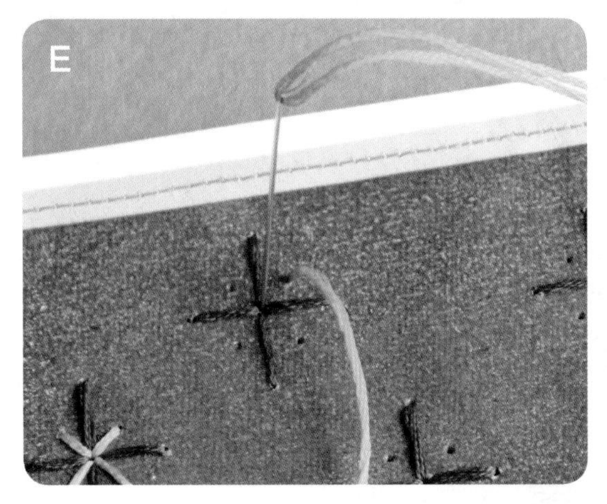

8．按着针洞位置，用刺绣线和针刺出你想要的图案（图E）。

9．沿着橡皮章四周打孔（图F）。

10．将橡皮章四周用线缝起来（图G）。

小贴士：

你可以用不同的图案来装饰天空，星星、云朵、雨、太阳、小鸟或其他图案。用黑色印油表示夜晚或风雨天的场景，而白色则对应大晴天。

蝴蝶旧明信片

这只蝴蝶看起来像是从维多利亚时代收藏家的标本盒中飞出来的一样。橡皮章印制完成后，你还需要用水彩颜料填色。翻阅关于蝴蝶的书籍可以为你带来涂色的灵感。

你需要什么

- 透写纸
- 软铅笔
- 骨质刀或小调羹
- 橡胶雕板
- 割毡刀（1、5号刀头）
- 美工刀或工具刀
- 黑色或深棕色印台
- 光滑的水彩画纸
- 各色水彩颜料
- 中圆刷
- 旧明信片
- PVA胶

制作步骤

1．使用P127的图样。用软铅笔把图样描绘在透写纸上（图A），再用骨质刀或调羹柄将图样转印到橡胶雕板上（P19）。

2．用割毡刀在橡胶雕板上雕刻。注意：把白色橡胶表面雕掉，只留下黑色线条即可。完成雕刻后，用温水和中性肥皂清洗橡皮，晾干（图B）。

Union Postale Universelle.
ARTE POSTAL
APR
18
12 AM
1907
REC'D
VA
UNIVERSELLE

3．先在其他样纸上试印。控制力度，尽量使橡皮章图案清晰。对于较大的橡皮章，我喜欢将其正面朝上放置，然后将印台反印在橡皮章上，再用力按压印台，以使印油均匀地附着在橡皮章上。

4．为橡皮章上黑色或深棕色印油，将蝴蝶图样印制在光滑的水彩画纸上，晾干（图C）。

5．用水彩颜料和中圆刷为蝴蝶的空白部分填色。在一种颜色上叠加涂色时，需要等第一个颜色晾干后，再进行下一步涂色环节。多印制几个蝴蝶橡皮章，然后填上不同的颜色。你甚至可以天马行空地为它们涂上你幻想的色彩（图D）。

6．为了更有立体效果，你还可以将已完成的某个蝴蝶橡皮章图案剪下来，把它们两个翅膀以身体为中心对折一下，再将身体粘在旧明信片上（图E）。

B

C

D

小贴士：

你也可以把蝴蝶镶嵌在一个特别的盒子里，并为废物盒重新涂色，再将蝴蝶橡皮章剪下来钉在盒子中（素净的小纸板礼盒最好）。别忘了给蝴蝶加个标签，并起一个很科学的名字，最后把标签贴在盒子的封面上。

园艺日志本

园艺日志记载了我生活中的一些琐事，同时记录了我思想的成熟过程。每当我翻看那些成长岁月中的点滴，总会感到很温暖。

你需要什么

- 透写纸
- 软铅笔
- 骨质刀或小调羹
- 橡胶雕板或小块白橡皮
- 割毡刀（1、5号刀头）
- 美工刀或工具刀
- 一小片水彩画纸
- 手工装订的日志本
- 金属尺
- 碎纸条
- 各色印台
- PVA胶

制作步骤

1．使用P132的图样。用软铅笔把所有的花盆和植物图样都描绘到透写纸上（图A），再用骨质刀或调羹柄将图样转印到橡胶雕板或小块橡皮上（P19）。

2．雕刻橡皮章。为了使橡皮章清晰，你可以先用美工刀或工具刀仔细地将图案之外的橡胶切掉。将花盆和植物分开雕刻，以搭配不同的组合。雕刻完成后，用温水和中性肥皂清洗橡皮，晾干（图B）。

A

3．从水彩画纸上切下一块2英寸（5厘米）宽的正方形。将其放置在手工日志本的封面上，位置由你来定，用铅笔描下正方形的位置（图C）。再将正方形放在一边待用。

4．将金属尺放在铅笔线上，用美工刀或工具刀沿着尺子直接在日志本表面切割，直至切出正方形的形状。注意：切痕深度不能超过$^{1}/_{16}$英寸（1.6毫米），1毫米左右最佳。

5．轻轻地将日志本封面上的皮剥下来，露出下面的纸板（图D）。

6．在没用的碎纸条上试印。变换颜色组合，印制花盆橡皮章以及各种植物橡皮章。选择你最中意的组合，随后将其印制到之前切下来的小块水彩画纸上（图E）。

7．在你挖掉的正方形部位涂上PVA胶，把印好图案的小正方形粘到上面，按压（图F）。

8．用骨质刀将四周抹平（图G）。

9．用其他橡皮章点缀日志本的内部。

小贴士：

这对于热爱绿植的朋友来说，是多好的礼物啊！如果送她一整套是不是更好呢？印好封面的日志本、一堆花盆橡皮章以及不同颜色的印台。这样，她就能在日志本里任意印制她自己的橡皮章了。

B

C

D

E

F

G

物上的橡皮章设计

绣花仙人掌手提包

仙人掌图案上细微的、分层次的底纹主要是通过不同颜色的橡皮章图案来实现的。同时，我们用刺绣的方法模拟出了仙人掌刺的效果，即通过可视的纹理来增添设计的真实感。

你需要什么

- 透写纸
- 软铅笔
- 骨质刀或小调羹
- 橡胶雕板
- 割毡刀（1、5号刀头）
- 美工刀或工具刀
- 蓝、绿、粉等各色织物印台
- 中性色麻布或棉布
- 绣花箍
- 白、绿、紫罗兰色的刺绣线
- 刺绣针
- 全棉手提袋

制作步骤

1．使用P130的图样。用软铅笔把仙人掌图样描绘在透写纸上，再用骨质刀或调羹柄将图样转印到橡胶雕板上（P19）。

2．用割毡刀沿着图形线条雕刻。用1号刀头雕刻小花图案的细节部分。雕刻完成后，用温水和中性肥皂清洗橡皮，晾干（图A）。

3．在橡皮章上着渐变色印油。先为橡皮章上基础色。接着，在橡皮章四周边缘处上其他混合色。为了使边缘的渐变色自然过渡，你可以分数次上色，但每次都要轻轻地将印油按压上去。注意：我在仙人掌掌叶部分的边缘上上了一点紫色和黄色。

4．在其他样纸上试印，并将所有的仙人掌、桨叶和小花图案组合起来拼出一个完整的仙人掌图案（图B）。

5．试印满意后，将最后的成品印制在一块棉布上。

6．让其彻底晾干，再按照电熨斗说明书上的步骤，使印油牢牢固定在棉布上。注意：加热熨烫时，必须把电熨斗放在有图案的棉布背部面，为了不烫坏棉布，最好在棉布上铺一块其他的布以做保护。

7．把印好图案的棉布放到绣花箍中去（图C）。

8．用白色绣花线和刺绣针绣出仙人掌刺的模样，然后，在刺的中间部位，用绿色的线和法国结绣法，绣出芯子（P29手工缝制）。在桨叶部位，用紫罗兰色的线和短的直针绣法绣出刺的模样（图D）。

9．需要提醒的是，印好图案的棉布是用来做手提袋外侧口袋用的。我们将口袋的两个侧边和底边向内翻一层起来，用电熨斗熨平（图E）。将口袋的上边向外下翻2次，熨平。用缝纫机把口袋的上边缝起来。将口袋定好位，再用跳针绣法（P29）手工将其缝制到手提袋上去。

小贴士：

有时候，本来你没有想法，但如果一直盯着某样东西，灵感就会来了。完成这块布后，一开始我也不知道要把它用在哪里。直到我看到一大堆手提袋，才有了这个灵感，何不在上面加点刺绣，并把它缝在我的手提袋上，用来装我的那些购物清单笔记本呢？

B

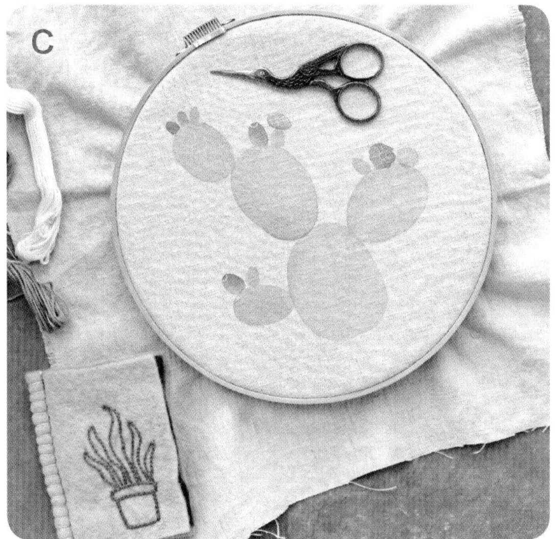
C

D

E

法式滤压壶保温罩

法式滤压壶是我的大爱，相信你也一定会喜欢上它。手工缝制的保温罩不仅美观，还能起到保温的效果。咖啡树和咖啡豆图案是最自然的设计灵感。

你需要什么

- 透写纸
- 软铅笔
- 骨质刀或小调羹
- 橡胶雕板
- 割毡刀（1、5号刀头）
- 美工刀或工具刀
- 样纸
- 绿色织物印台
- 红色猫眼织物印台
- 1块羊毛毡（比棉布小一点）
- 2块中性色棉布（大到可以罩住你的滤压壶）
- 缝纫机
- 刺绣针
- 剑麻或黄麻线

制作步骤

1．使用P129的图样。用软铅笔把图样描绘在透写纸上（图A），再用骨质刀或调羹柄将图样转印到橡胶雕板上（P19）。

注意：你可以做3个独立的橡皮章，一个是带果实的咖啡树，一个是花，一个是小型的花蕊。

2．用割毡刀沿着图形线条雕刻。用1号刀头雕刻小花图案的细节部分。雕刻完成后，用温水和中性肥皂清洗橡皮，晾干。

3．在其他样纸上试印（图B）。

4．将棉布洗一下，晾干并熨平。羊毛毡是用来缝在两块棉布中当夹层的。

5．印制咖啡树图案。我先使用了绿色的印油，为增加层次，可以再上一点深绿色，形成色彩渐变。注意：我先上了一种绿色，再在叶子边缘轻拍上一点深绿色。用红色猫眼印台轻轻按压在果实图案的部位，使果实显示出红色。

6．让印油彻底晾干，再按照电熨斗说明书上的步骤，使印油牢牢固定在棉布上。注意：加热熨烫时，必须把电熨斗放在有图案的棉布背面，为了不烫坏棉布，最好在棉布上铺一块其他的布以做保护。

7．把两块棉布对齐放好，用缝纫机将3条边缝起来。留1条边不要缝合，把保温套从这个口子中翻出来。修剪缝合处让它们平整，将羊毛毡塞到棉布中间。再用缝纫机把开口缝合，或者用跳针绣法（P29）手工缝合。

8．用缝纫机平行线式地缝合这3层织物。我们可以用脚踩式缝纫机来操纵平行的缝纫线（图C）。

9．用Z字缝针法把麻线的一头固定在保温罩的一侧，另一侧也同样操作。麻线是用来把保温罩捆绑在滤压壶上的（图D）。

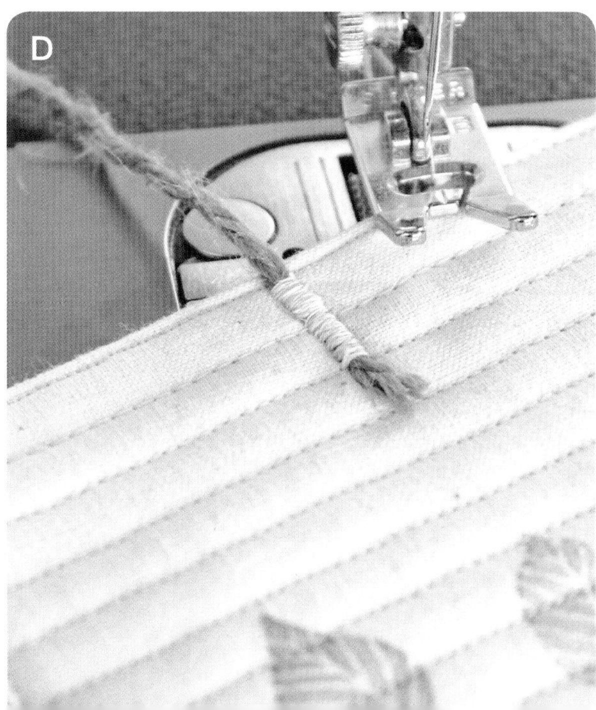

小贴士：

用冷水洗涤保温罩，并悬挂晾干。若制作时的熨烫固色步骤正确，保温罩在洗涤时是不会褪色的，而手洗则是为了不磨损麻线。

小鸟别针

在织物的橡皮章上点缀小珠子能同时发挥这两大工艺材料的优势。当你用珠子点缀完小鸟后，再加点填充物、缝上几针，小鸟别针就跃然而出了。

你需要什么

- 透写纸
- 软铅笔
- 骨质刀或小调羹
- 橡胶雕板
- 割毡刀（1、5号刀头）
- 美工刀或工具刀
- 黑色颜料性印台
- 样纸
- 中性色棉布或麻布
- 绣花箍
- 棉线
- 刺绣针
- 玻璃小串珠
- 刺绣线
- 与表面颜色互补的织物
- 聚酯纤维或棉花填充物
- 别针

制作步骤

1．使用P129的图样。用软铅笔把小鸟图样描绘在透写纸上（图A），再用骨质刀或调羹柄将图样转印至橡胶雕板上（P19）。

2．用割毡刀沿着图形线条雕刻。用1号刀头雕刻出图案的细节部分。为了使橡皮章清晰，你还可以用美工刀或工具刀仔细地将图案之外的橡胶切掉。这

A

个步骤对制作织物上的橡皮章尤其重要。雕刻完成后，用温水和中性肥皂清洗橡皮，晾干（图B）。

3．在样纸上试印小鸟图案，直到图案墨色均匀，再将其印制到织物上。

4．把小鸟橡皮章印在麻布或棉布上（图C），按照电熨斗说明书上的步骤，使印油牢牢固定在棉布上。

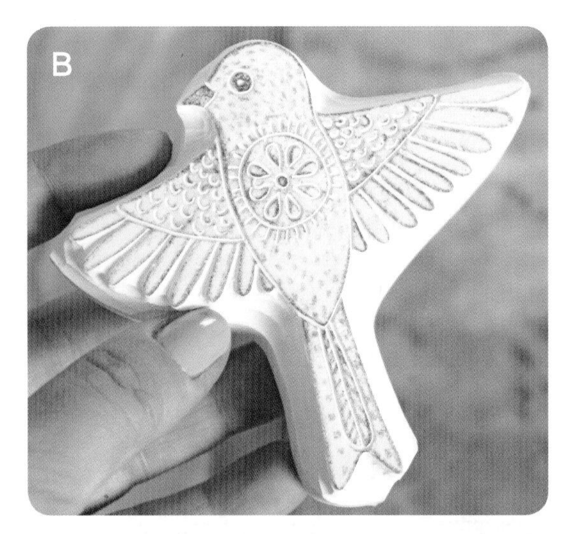
B

C

5．将印好图案的棉布放到绣花箍中。把棉线穿到针上，尾部打结。先将针从织物背后穿过来，串上一个玻璃珠子，再将针穿到织物背后，将珠子固定在织物上（图D）。重复这样的操作，把一个个小珠子都缝到织物上。

6．钉完珠子后，再用刺绣线在需要的部分用直针绣法加以点缀。你可以用对比色的刺绣线突出更多细节（图E）。

7．沿着小鸟橡皮章图案外1英寸（2.5厘米）处剪裁。将剪裁下来的橡皮章放在与印章颜色呈互补色的织物上，按其大小，将小鸟背部的织物也剪出此形状（图F）。

8．将两块织物对齐放好，然后将其缝起来。沿着小鸟橡皮章的边缘手工缝制，记得要在翅膀处留一个小口，便于翻面和填充。修剪缝合处。为使缝合处翻过来后平滑不起皱，顺着修剪凹口，反着修剪凸口（图G）。注意：反剪，也可以对着凸口反剪一个小V字形；顺剪，沿着凹口细碎地剪。

9．把小鸟翻过来，填充入聚酯纤维或棉花。用跳针绣法把最后的小开口缝合。

10．用针线将别针缝到小鸟的背部上去（图H）。

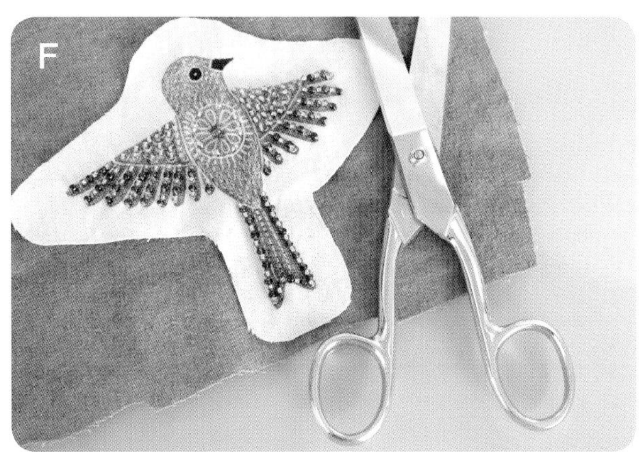

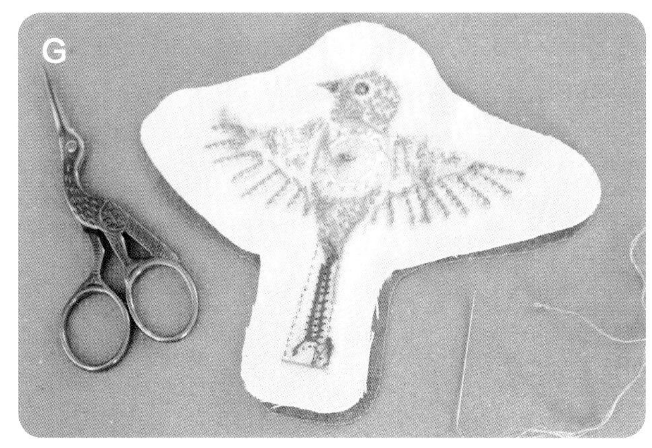

小贴士：

你可以使用任意颜色的小珠子。不过，在绣之前，请先用各色铅笔描绘出各种颜色的组合，再挑选出你最中意的搭配方案。你也可以在设计图案的中间部位点缀一颗特殊的珠子来吸引眼球。你可以将别针别在衣服或手提袋上。

湖景T恤

设计一处风景。利用不同的小橡皮章元素组合成一幅如画的风景图。任何一件浅色T恤都可以用来承载这样宁静的画面。

你需要什么

- 透写纸
- 软铅笔
- 骨质刀或小调羹
- 橡胶雕板
- 割毡刀（1、5号刀头）
- 美工刀或工具刀
- 各色织物印台
- 样纸
- 浅灰色儿童T恤或其他浅色T恤
- 纸板

制作步骤

1．使用P131的图样。用软铅笔把图样描绘在透写纸上（图A），再用骨质刀或调羹柄将图样转印至橡胶雕板上（P19）。

2．用割毡刀沿着图形线条雕刻。用1号刀头雕刻出图案的细节部分。为了使橡皮章清晰，用美工刀或工具刀仔细地将图案之外的橡胶切掉。这个步骤对

制作织物上的橡皮章尤其重要。完成后，用温水和中性肥皂清洗橡皮，晾干（图B）。

3．预先清洗和晾干T恤。用电熨斗熨平T恤，以使印制表面平整。在T恤中垫一块纸板，防止印制时印油从封面的前面渗透到背面。

4．在样纸上试印，组合图案以设计一个完美的风景图。试印满意后，再将其印制到T恤上。先印制湖景，再印制香蒲草和小鸭子，最后印制岩石和月亮（图C）。

5．让印油彻底晾干，再按照电熨斗说明书上的步骤，使印油牢牢固定在棉布上。注意：加热熨烫时，必须把电熨斗放在有图案的棉布背面，为了不烫坏棉布，最好在棉布上铺一块其他的布以做保护。

小贴士：

你可以不断变换这些橡皮章元素，以制作出不同的风景画。你也可以单独使用这些橡皮章，或者变换其组合，以激发你的设计潜力。

3只小鸟靠垫套

准备好动笔吧！虽然用简单形状的橡皮章也能印制出各种图案，但是，你还可以用黑色织物颜料在此基础上增添一些细节——小鸟的眼睛、嘴巴和脚。

你需要什么

- 透写纸
- 软铅笔
- 骨质刀或小调羹
- 橡胶雕板
- 割毡刀（1、5号刀头）
- 美工刀或工具刀
- 各色织物印台
- 中性色织物
- 黑色织物颜料
- 细圆刷
- 缝纫机
- 靠垫内芯

制作步骤

1．使用P132的图样。用软铅笔把图样描绘在透写纸上，再用骨质刀或调羹柄将图样转印至橡胶雕板上（P19）。有2个小鸟的身体图样，2个翅膀图样和1个尾巴图样。

2．用割毡刀沿着图形线条雕刻。用1号刀头雕刻出小鸟翅膀和尾部上的细节部分。雕刻完成后，用温水和中性肥皂清洗橡皮，晾干（图A）。

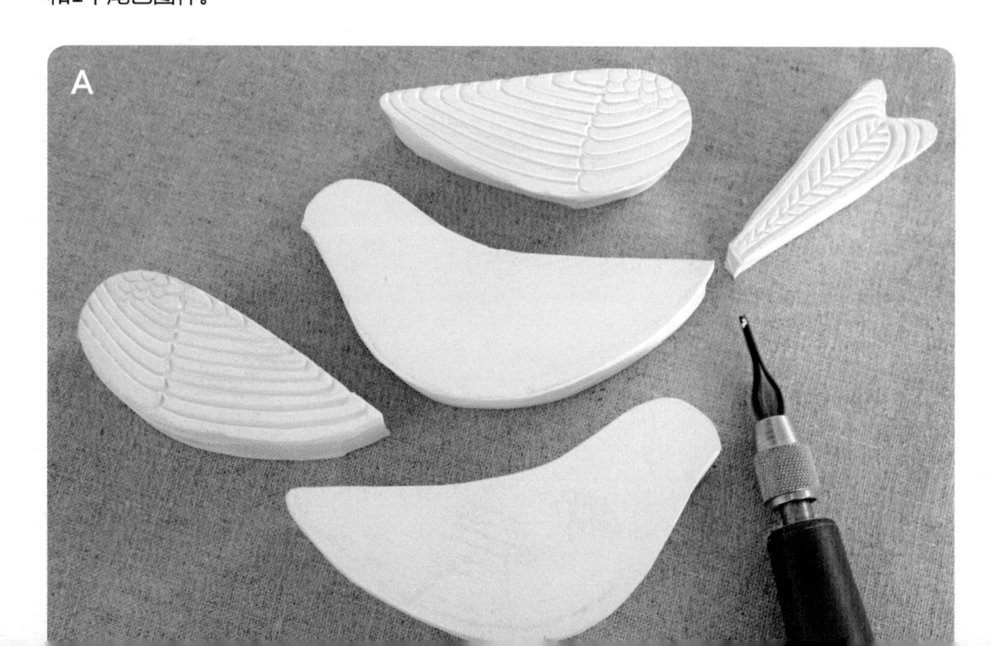
A

BOTANICALS
BUTTERFLIES & INSECTS
ASSOULINE

3．在其他废旧的织物上试印，织物材料最好与你要做的靠垫材料接近（图B）。

4．在作为靠垫正面的织物上，先用不同颜色的印油印制出了3只小鸟的身体。从上到下依次变换小鸟的方向，使两只鸟的身体朝右，一只朝左（或相反）。用白色印油印制每一只鸟的翅膀，尾巴的颜色最好要与身体形成对比，晾干印油（图C）。

5．用一个蘸了黑色织物颜料的细圆刷画出每只小鸟的眼睛、嘴巴和脚，营造出上方的小鸟站在下方小鸟身上的感觉。画好，至少晾20分钟（图D）。

6．按照电熨斗说明书上的步骤，使印油牢牢固定在棉布上。注意：加热熨烫时，必须把电熨斗放在有图案的棉布背面，为了不烫坏棉布，最好在棉布上铺一块其他的布以做保护。

7．剪出和靠垫正面大小一样的织物。把它剪成2个矩形，一个略长于另一个。

8．将印好的织物放在工作台上，使有橡皮章的那面朝上。将作为靠垫套背部的两块长方形织物对齐，将四周对齐的边别住。最后，将两块长方形织物重叠的部分做成信封背面的样式。用缝纫机从靠垫套的前片向背片缝合，缝好后将其翻过来。塞入靠垫内芯即可（图E）。

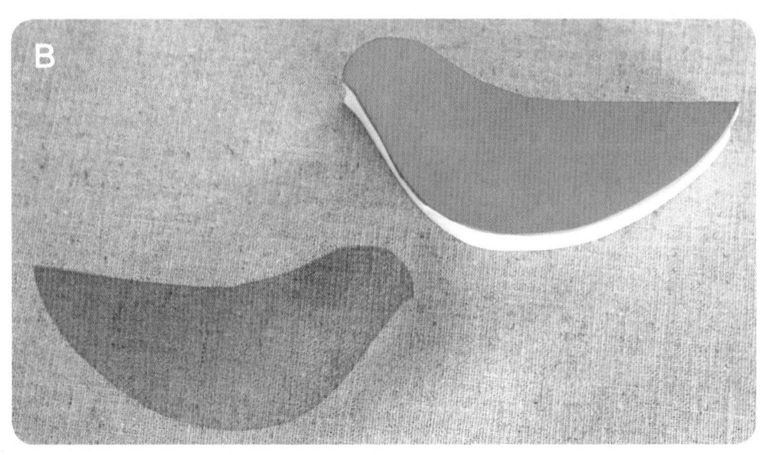

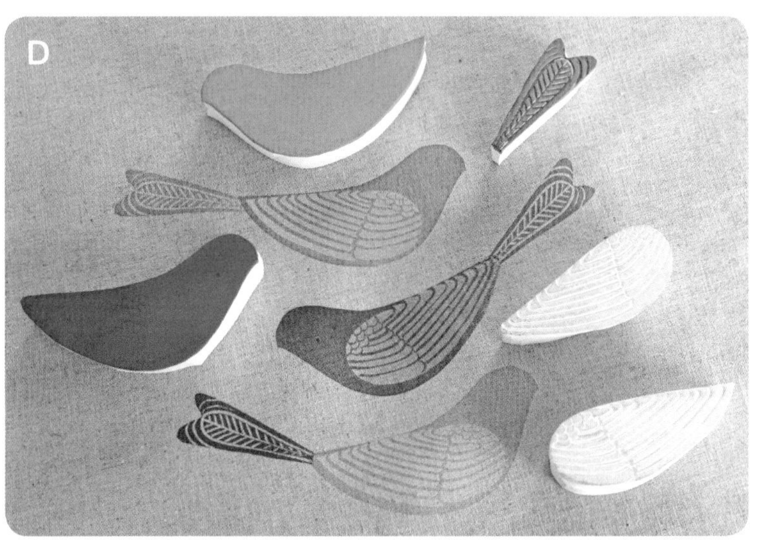

小贴士：

给你的靠垫套边缘来点小装饰吧。将靠垫套正面翻过来，压平四边，在距离靠垫套边缘6毫米的位置处，用缝纫机缝出一圈窄边来。

其他材质上的橡皮章设计

首饰盒

橡皮章还有许多其他不同的用途。比如，雕刻完一个橡皮章，你可以将其印制在软陶上，待软陶烘烤后，再将其用胶水粘在小盒子的盖子上，涂上颜料。你也可以在大型橡皮章设计中使用这种技术。

你需要什么

- 透写纸
- 软铅笔
- 骨质刀或小调羹
- 橡胶雕板
- 割毡刀（1、5号刀头）
- 美工刀或工具刀
- 白色软陶
- 擀面杖或软陶专用的擀泥机
- 尺子
- PVA胶
- 带盖纸板首饰盒，约为 2×3英寸（5×7.6厘米）
- 丙烯颜料
- 中平刷

制作步骤

1．使用P129的图样。用软铅笔把图样描绘在透写纸上（图A），再用骨质刀或调羹柄将图样转印至橡胶雕板上（P19）。

2．用割毡刀沿着图形线条雕刻。用1号刀头雕刻出图样中的线条，采用阴文雕刻法（P21）。雕刻完成后，用温水和中性肥皂清洗橡皮，晾干。

3．不停地揉捏白色软陶直至其柔软有韧性。用擀面杖或软陶专用的擀泥机做一个比橡皮章图案稍大一点的、⅛英寸（3毫米）厚的软陶块（图B）。注意：不要用厨房里的擀面杖。

4．用固定、稳当的力度将橡皮章印在软陶上。用美工刀或工具刀将图案周围的软陶切除干净。在切除时，最好用一把尺子进行辅助，以使边缘切得平整（图C）。

5．按电熨斗的说明书烘烤软陶，冷却。

6．用PVA胶将软陶粘到首饰盒的盖子上，晾干。

7．用中平刷为盒盖涂上丙烯颜料。注意：软陶使用了较浅的颜色，而盖子边缘则使用了较深的颜色，晾干。

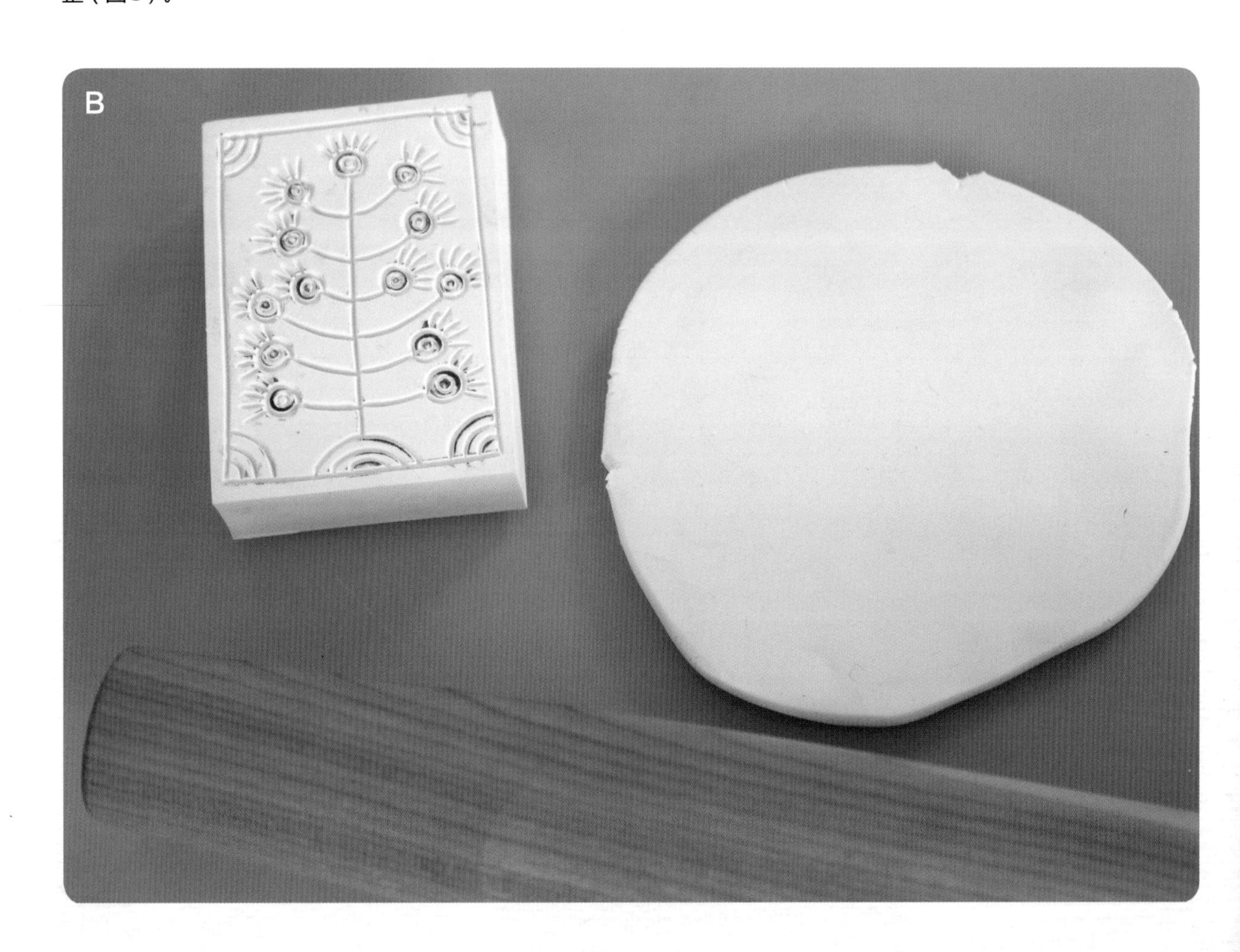
B

小贴士：

首饰盒一般会用来装些小首饰，但是盒子的尺寸并没有限制。你也可以根据盒子的大小来制作较大形状的橡皮章。为什么不做一个超大的盒子来装你所有的橡皮章呢？

陶土花盆

我觉得陶土花盆本身就已经很美了，但我还是忍不住用一些简单的橡皮章为之增色。看起来像褪色的渐变色会让我们的花盆有一种饱经风霜的感觉。

你需要什么

- 透写纸
- 软铅笔
- 骨质刀或小调羹
- 橡胶雕板
- 割毡刀（1、5号刀头）
- 美工刀或工具刀
- 白色和黑色的颜料性印台
- 样纸
- 2个小陶土花盆
- 小毛巾

制作步骤

1．使用P130的图样。用软铅笔把图样描绘在透写纸上，再用骨质刀或调羹柄将图样转印至橡胶雕板上（P19）。

2．用割毡刀沿着图形线条雕刻（图A）。用1号刀头将图样中的角落和缝隙部位的橡皮雕掉，如三角形顶端的位置（图B）。雕刻完成后，用温水和中性肥皂清洗橡皮，晾干。

A

B

3．对于较大的橡皮章，你可以将其正面朝上放置在工作台上，然后将印台反印在橡皮章上，左手握住橡皮章，右手用力按压印台以使印油均匀地附着在橡皮章上。用均匀的力度重复刚才的动作，直至将长条形的橡皮章全部附上印油。在样纸上试印（图C）。

4．使陶土花盆表面保持干净、干燥。为了防止花盆在印制橡皮章时移动，你可以将一块小毛巾叠起来，并将花盆放在它上面。为了配合花盆的弧形，印制时最好将橡皮章弯曲使用，以使其全面贴住花盆。印制时注意要用力均匀。从花盆顶部开始，慢慢朝底部印制（图D）。

5．印制一次后，不需要加印油，直接在刚才的图案下方再次印制，以做出渐变色的效果。接着，再向下印制，直到印油用完为止。最好先在样纸上试印。沿着花盆周边，重复刚才的操作过程，以使整个花盆都印制上图案，晾干。

6．你也可以只在花盆顶端部位印制图案。不过，你必须要保证每一行的橡皮章图案都是连续的。使用花盆前，晾干印油（图E）。

E

小贴士：

我喜欢把种了些香草类植物的花盆放在窗台或厨房门边。当我做饭时，顺手摘两片香叶，整个厨房都会弥漫着一股新鲜香叶的味道。

漂亮的石头

与其制作一个大型橡皮章，不如做一些小的，可以有多种组合的橡皮章。小型橡皮章可以让你更加灵活地选择在哪些物体上印制它们。利用这种技术，你也可以通过组合若干个小图样来设计大型图样。

你需要什么

- 透写纸
- 软铅笔
- 骨质刀或小调羹
- 橡胶雕板
- 割毡刀（1、5号刀头）
- 美工刀或工具刀
- 白色印台
- 样纸
- 中型大小的河边卵石或沙滩卵石
- 红色丙烯颜料
- 小圆刷

制作步骤

1．使用P131的图样。用软铅笔把图样描绘在透写纸上（图A），再用骨质刀或调羹柄将图样转印至橡胶雕板上（P19）。

2．用割毡刀沿着图形线条雕刻（图B）。

3．如果要在同一块橡胶雕板上雕刻两个图样，你也可以先把它们切开，成为两个独立的橡皮章后，再分别进行雕刻。雕刻完成后，用温水和中性肥皂清洗橡皮，晾干（图C）。

B

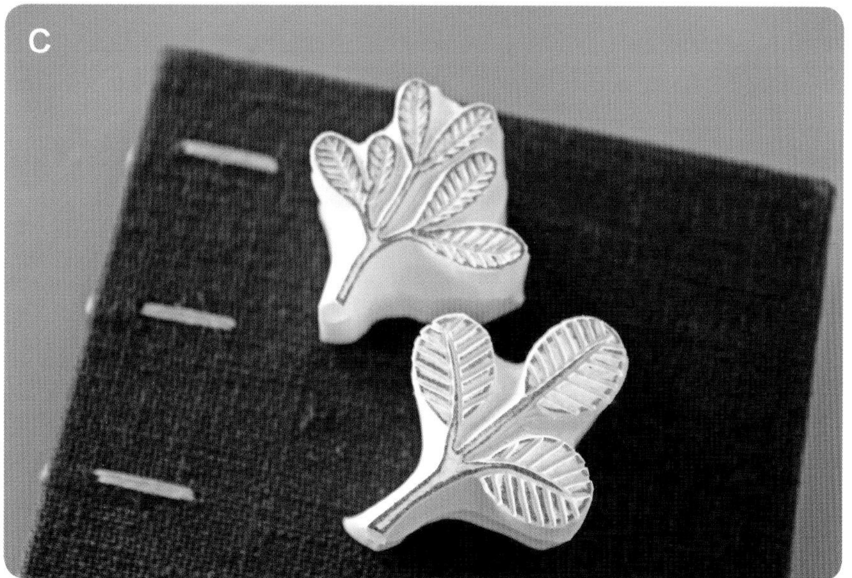
C

D

4．为橡皮章上印油，在样纸上试印。试着将这些树叶图案重复印制在一起（图D）。

5．用小刷子和中性肥皂清洗石头表面，刷去灰尘和泥沙，漂洗干净，待其彻底晾干。

6．为橡皮章上印油，印在石头上。由于石头表面有弧形，因此你需要适当把橡皮章压弯使用。印制时必须固定石头，防止滑动。若石头滑动了，印出来的图样肯定会模糊。你可以先在其他石头上试印。

7．先在一块小石头上，用叶子橡皮章印出一片叶子的图样。注意：在浅色的石头上用黑色印油印刷，效果会很不错（图E）。

8．重复印制同一个叶子橡皮章，以形成一个树枝的图样，再用小圆刷把红色颜料点到树枝上，作为果实（图F）。

E

F

小贴士：

你可以把这些漂亮的石头当作镇纸，用于装饰花盆，或者直接放在窗台上作为一个自然的装饰品。因为我工作时喜欢开着窗，所以我的工作台上放着好几个这样的石头镇纸。

边框墙

我非常喜欢镂花印，但我又很讨厌繁琐的描画和涂色过程——更讨厌把镂花板挪开时那令人沮丧的污点。尝试用橡皮章来替代镂花印吧。用这个方法可以迅速地妆点房间。

你需要什么

- 透写纸
- 软铅笔
- 骨质刀或小调羹
- 橡胶雕板，至少有4×6英寸（10.2×15.2厘米）
- 割毡刀（1、2、5号刀头）
- 美工刀或工具刀
- 两种对比色的印台
- 样纸

制作步骤

1．使用P133的图样。用软铅笔把镂花图样描绘在透写纸上。注意：先要把透写纸贴到你要镂花印的墙上，看看图样大小是否合适。如果你要制作一个窗或门的边框，最好先计划好图样该印在什么位置（图A），并根据实际情况调整图样大小。

2．用骨质刀或调羹柄将镂花印图样转印至一块4×6英寸（10.2×15.2厘米）的橡胶雕板上（P19）。把单片叶子和小花的图样转印至较小的橡胶雕板或白色橡皮上（图B）。

A

B

3．用割毡刀雕刻（图C）。用1、2号刀头雕刻出图样的线条，用5号刀头把多余的橡皮部分雕掉，再用美工刀或工具刀把图样边缘部分切干净。雕刻完成后，用温水和中性肥皂清洗橡皮，晾干。

4．选择你喜欢的印油颜色，并在样纸上试印。你要用到的橡皮章有3个：带树叶的树干、单片叶子和小花。单片叶子一般用在镂花印的末端，用于保持图案的完整性（图D）。

5．印前确保墙壁干净、干燥。以窗框为参照物，在距窗框1.5英寸（3.8厘米）处印制图样。

6．先印带树叶的树干，再印小花（图E）。最后，在树干的末端印上单片叶子。为防止印油污损墙面，24小时内不要触摸橡皮章。

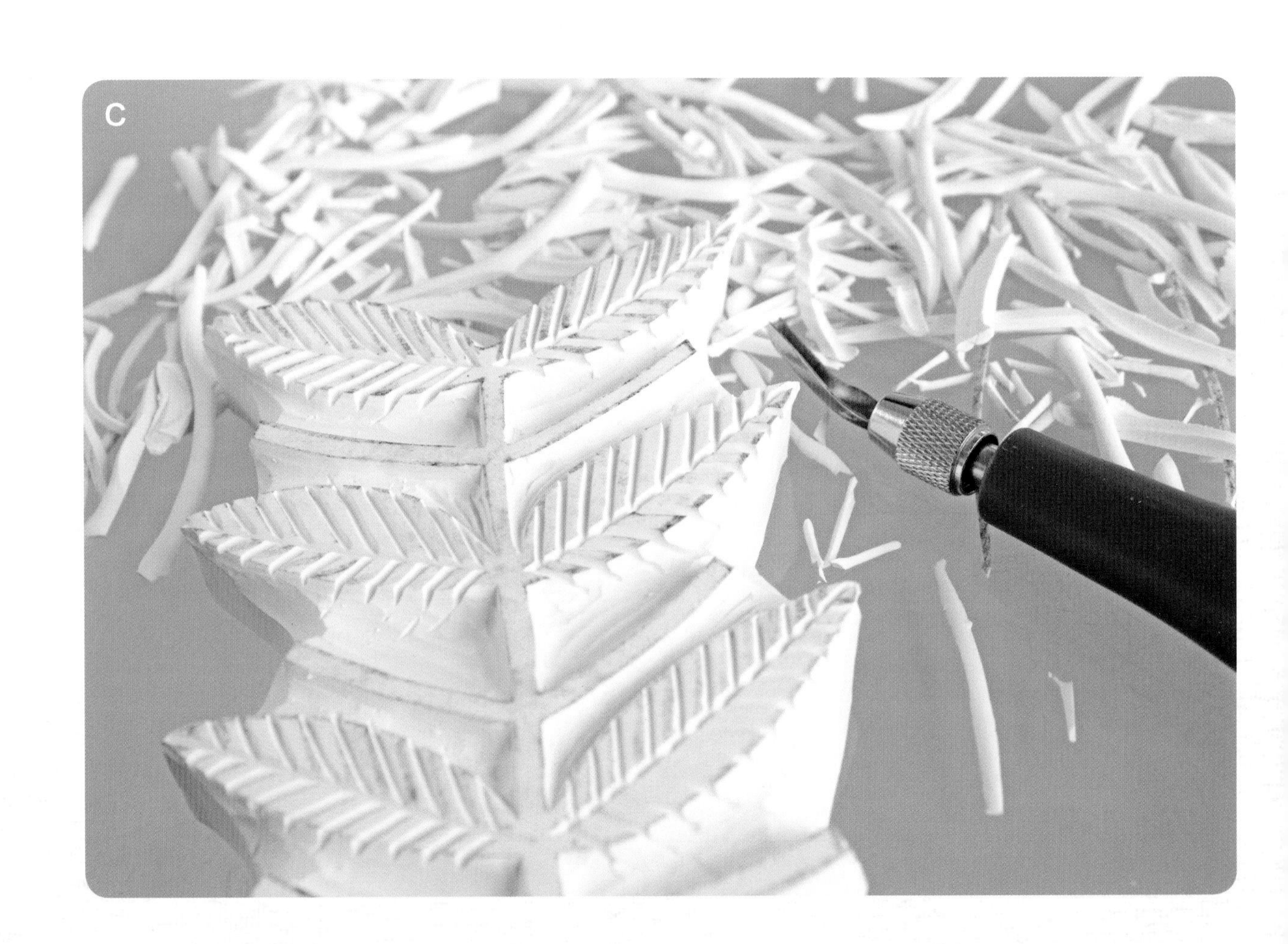
C

D

E

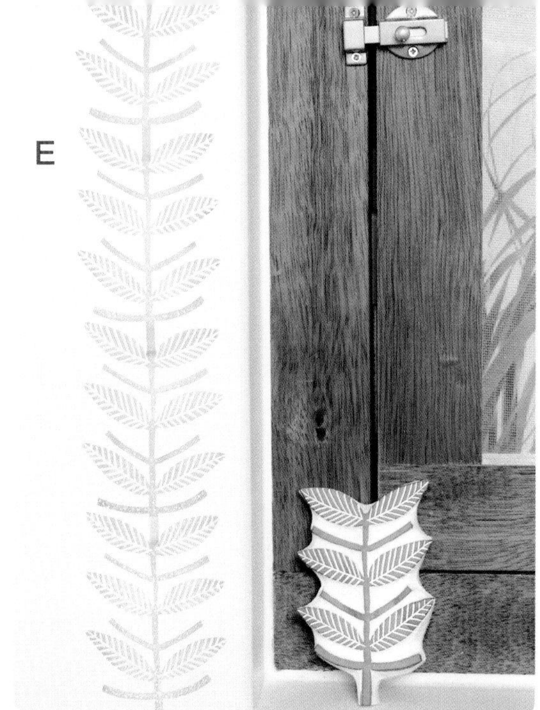

小贴士：
你可以用橡皮章设计出各种各样的镂花印图案。窗子、大门和镜子边缘都可以装饰任意图样的橡皮章。房间吊顶下方也可以这样装饰。当然，你也可以在厨房或卫生间里印制一些有当地特色的图样。

如果你想跳出我前面的例子，来设计你自己的橡皮章，下面的这些图样也许会给你带来灵感。

LOVE

THIS
BOOK
IS
GREAT
AIR
MAIL

图样原图

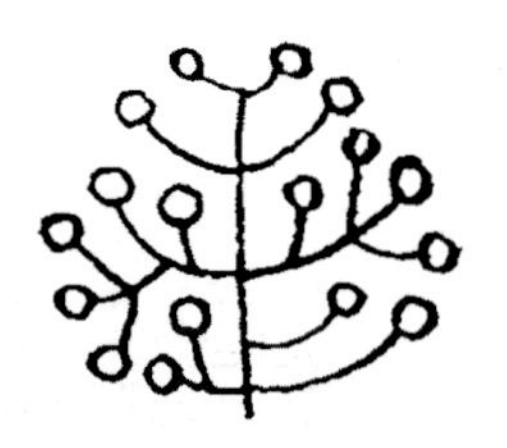

橡皮章

P34

礼品签

P38

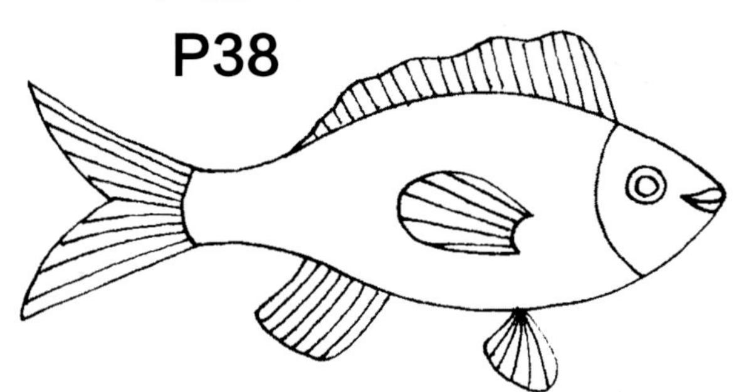

藏书标签

P44

折叠式日志本

P60

刺绣卡

P65

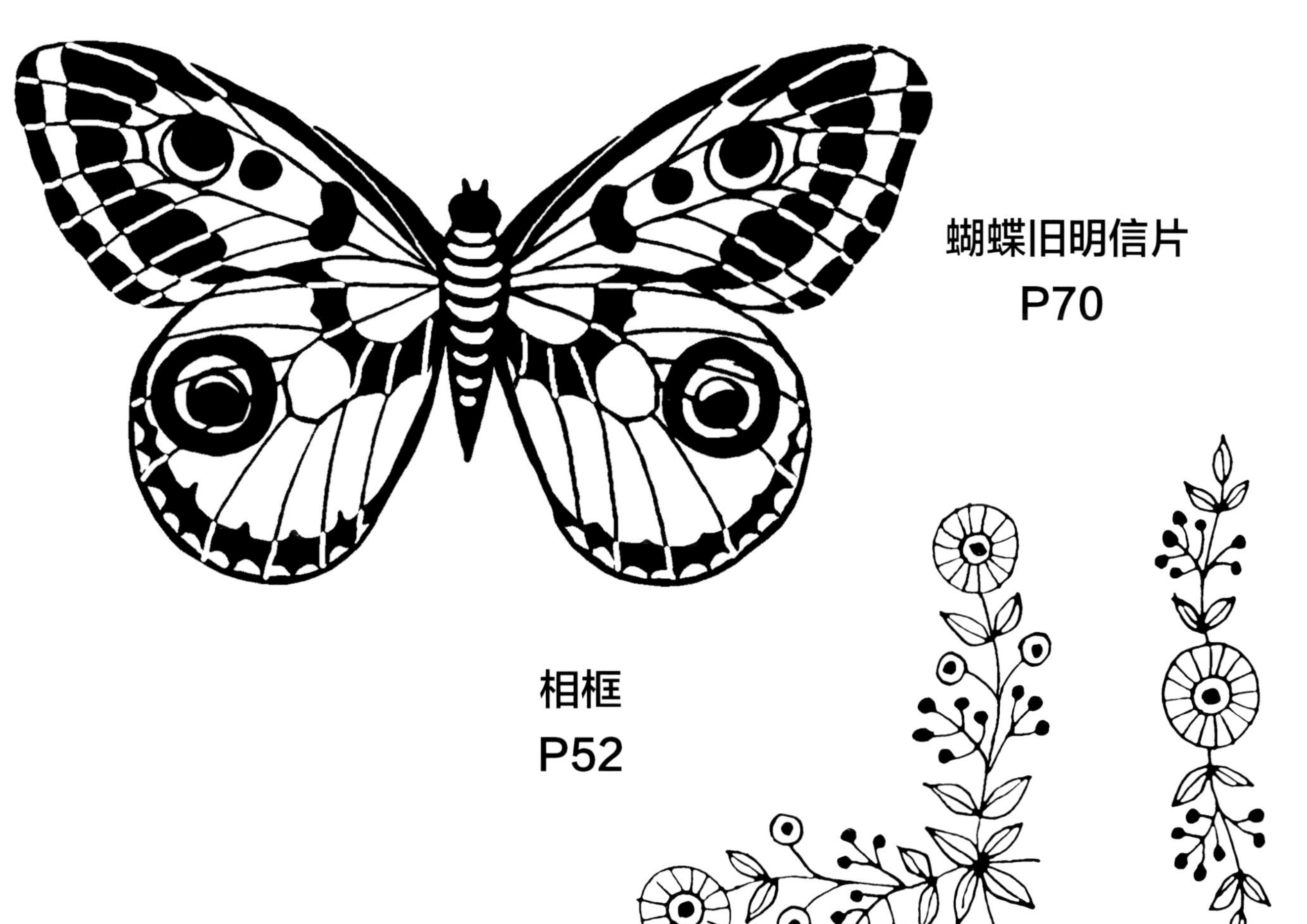

蝴蝶旧明信片

P70

相框

P52

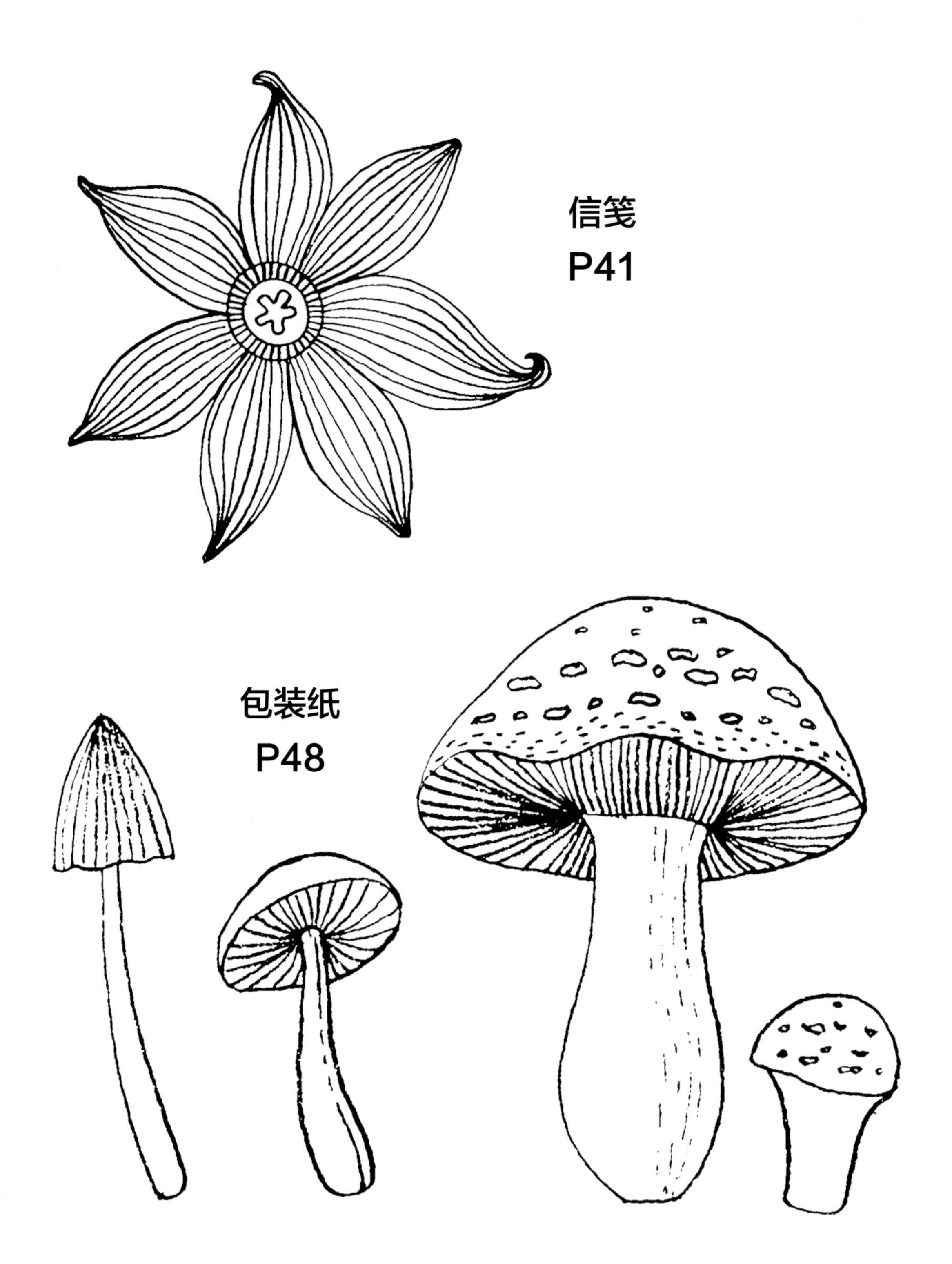
信笺
P41
包装纸
P48

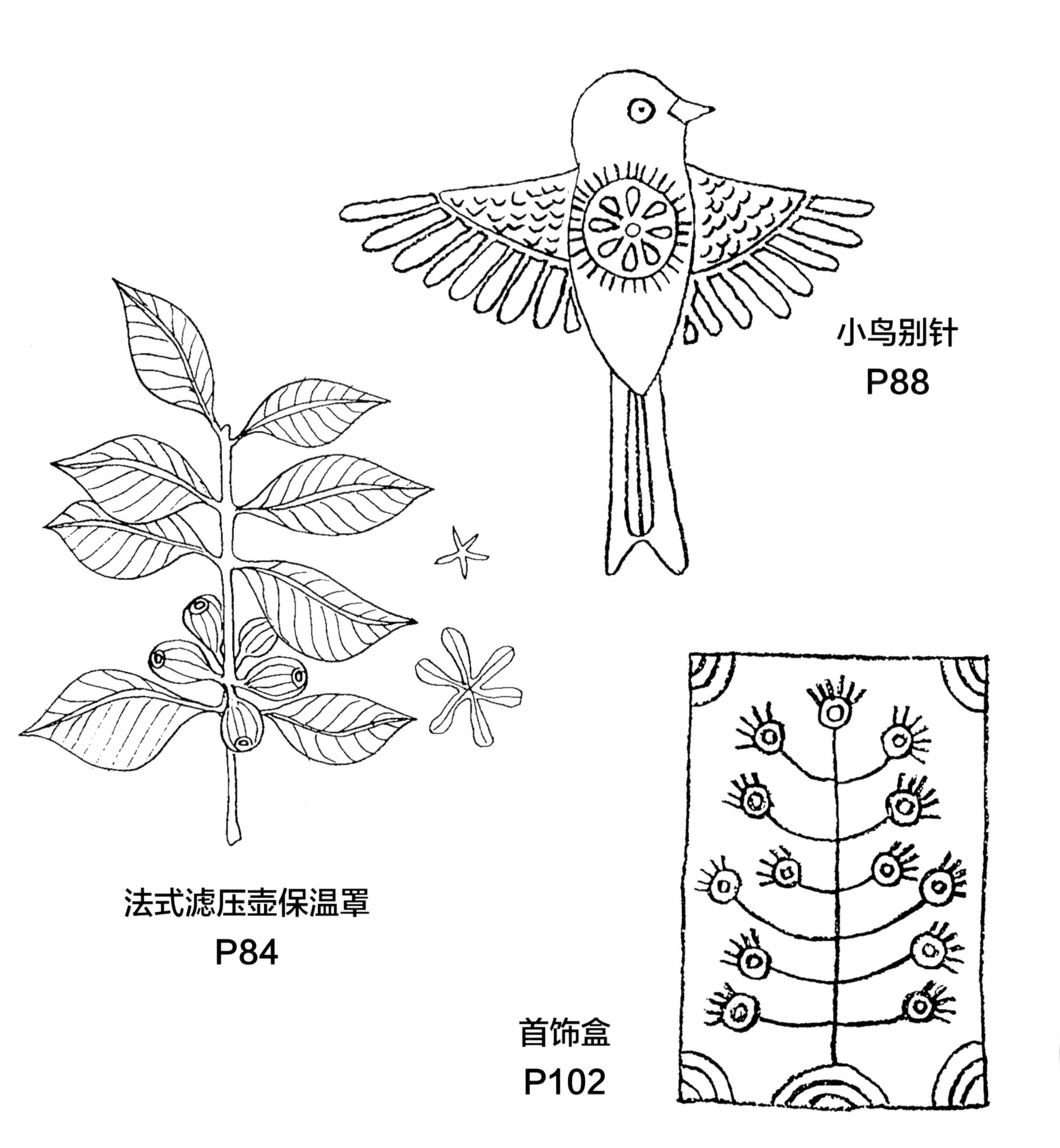
小鸟别针
P88
法式滤压壶保温罩
P84
首饰盒
P102

陶土花盆

P106

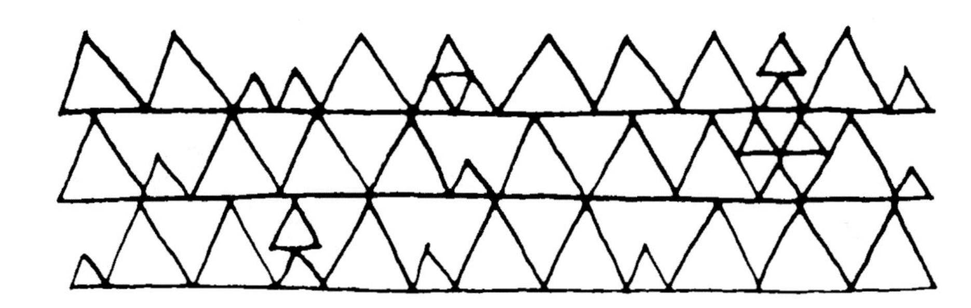

绣花仙人掌手提包

P80

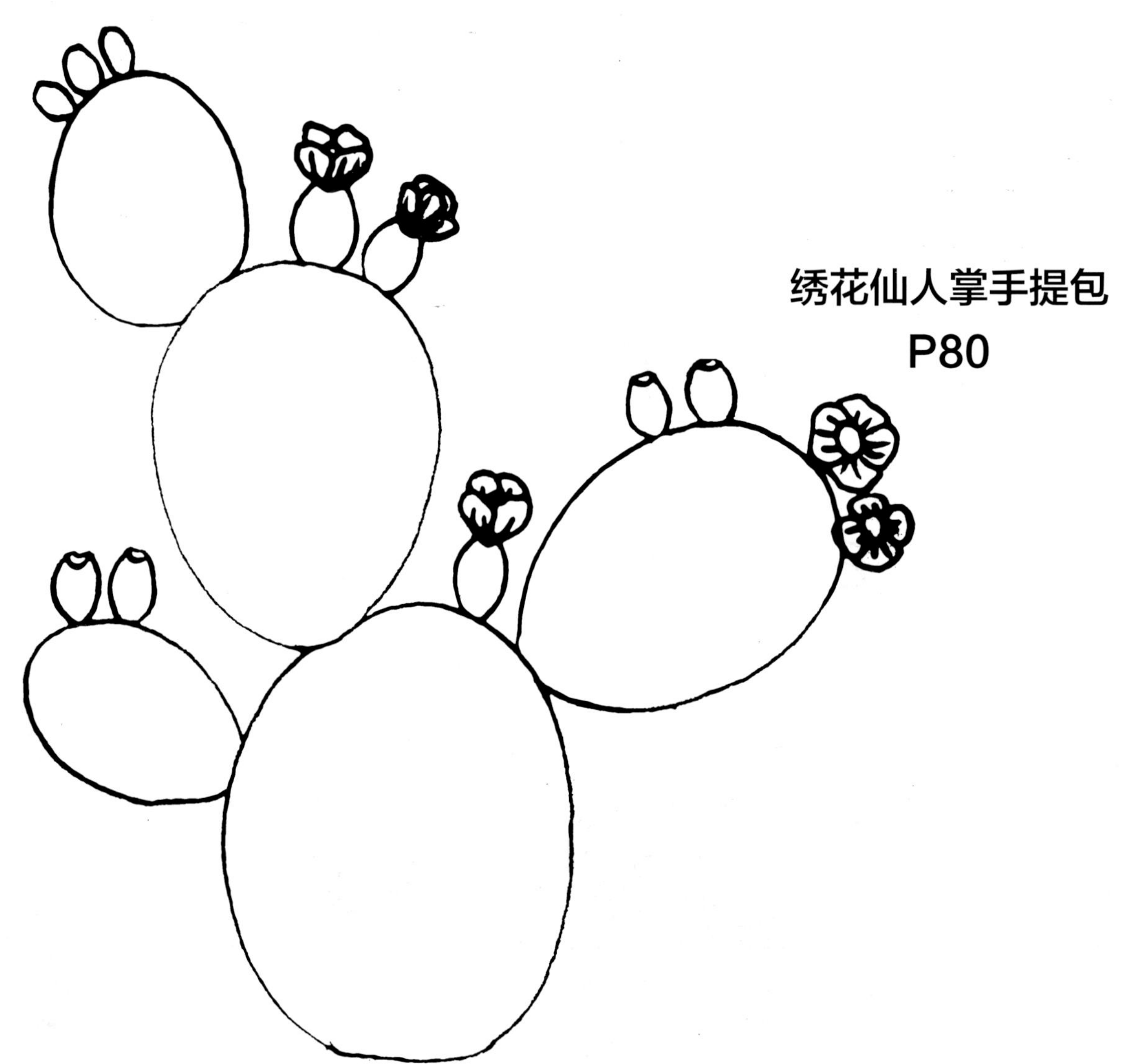

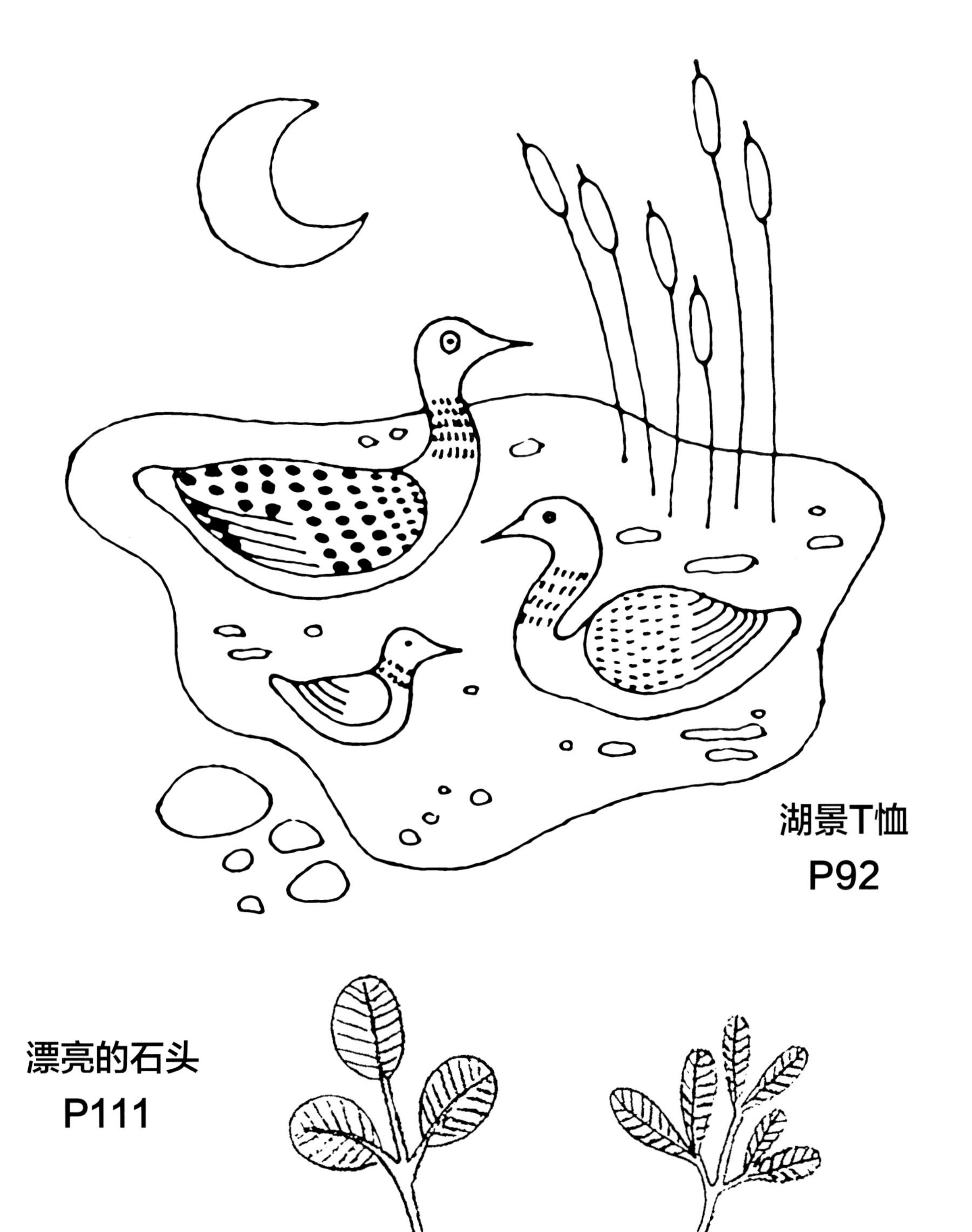

湖景T恤

P92

漂亮的石头

P111

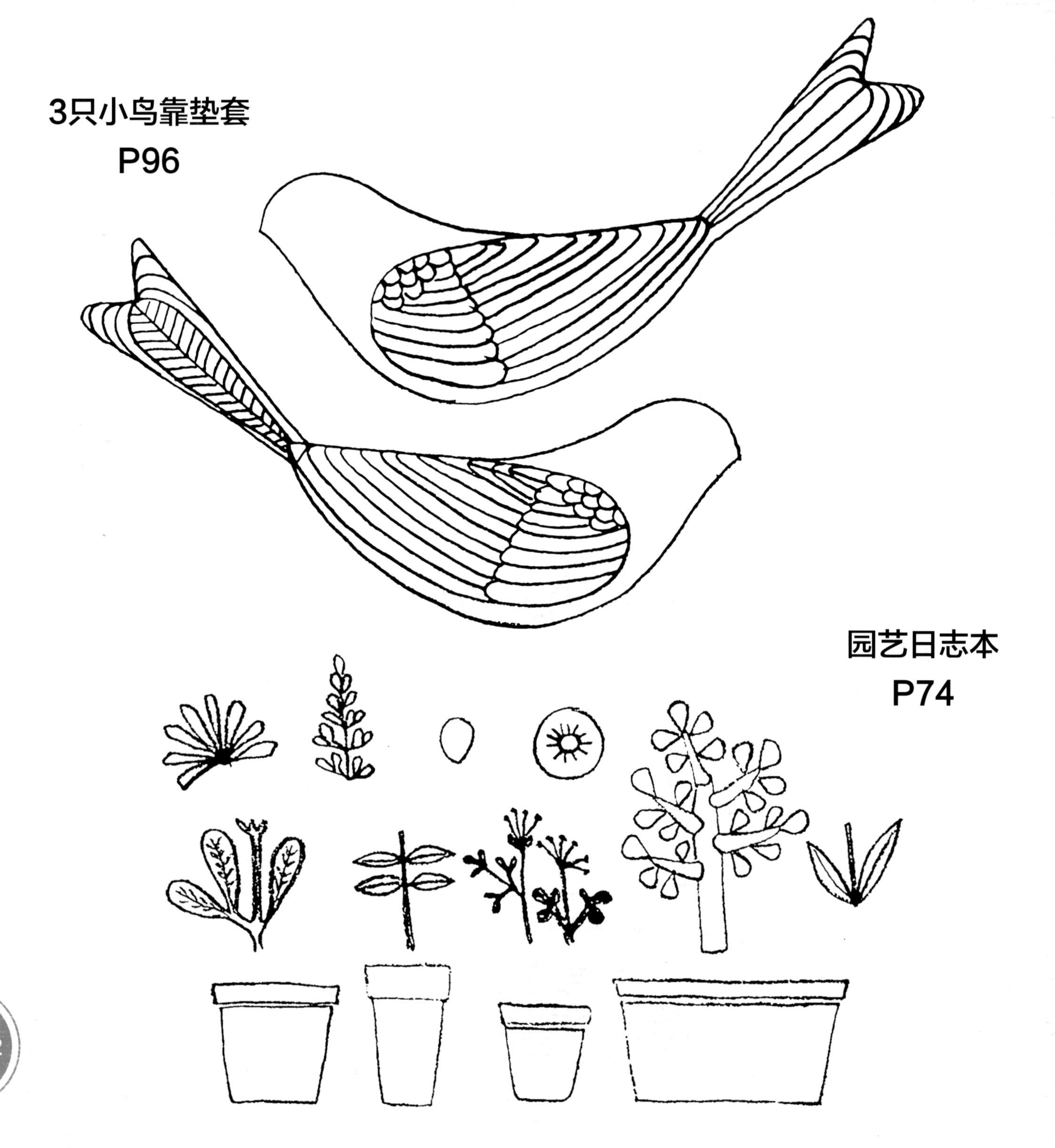
3只小鸟靠垫套
P96
园艺日志本
P74

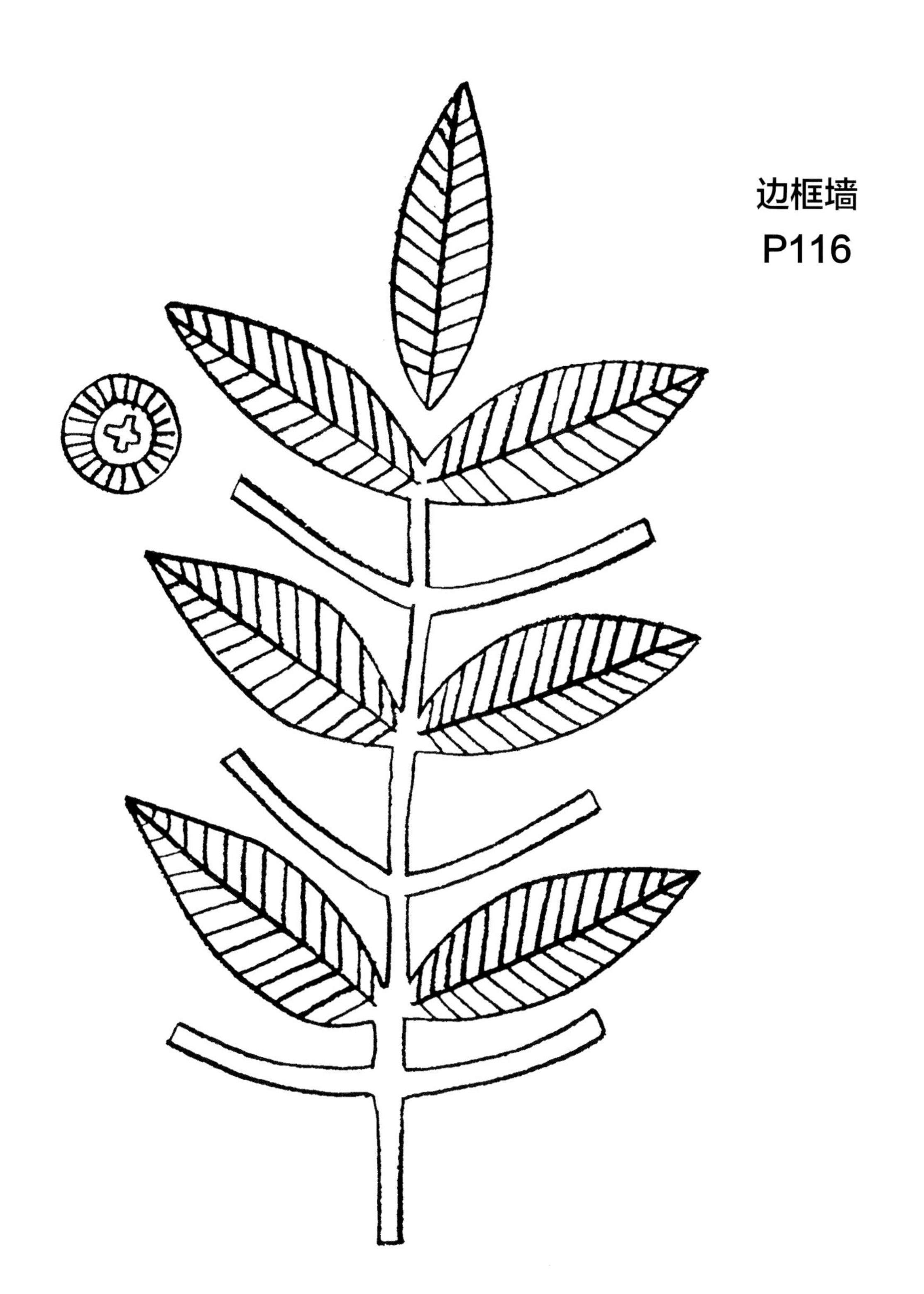

边框墙
P116

致谢

感谢上帝，能让我从事物喜欢的工作。

感谢父母对我的鼓励和爱。

感谢Manolo，我最好的朋友以及我的爱人，你总是站在我身后。

感谢Israel和Daniel，我可爱的儿子，你们始终是我灵感的源泉和创造的动力。

感谢我的哥哥Sergio以及姐妹Karyn、Becki和Moni，你们一直是我最忠实的粉丝。

感谢我的好朋友Margie、Sonia、Arounna和Julia，感谢你们的支持和鼓励。

感谢Bookhou公司提供的美丽织物，它们总是出现在我的例子中。

感谢编辑Linda Kopp，让我如此享受写书的过程。

感谢Lark Crafts，让我有机会做出如此美丽的书。

感谢所有关注我博客的粉丝，是你们一直在支持着我的艺术创作。

正是因为有你们，我才能完成这本书。

感谢刘旻、罗小函、陈洁、周涑、张俊珺
对本书编辑工作的帮助和支持。

关于作者

格宁·D.兹拉特基斯是一名艺术家、插画家和平面设计师。她和丈夫Manolo、两个可爱的儿子以及一条名叫Turbo的牧羊犬居住在墨西哥市郊。她出生于纽约，但不久随其父母环游南美洲，先后居住于7个不同的国家，上过几个不同的英语学校。

兹拉特基斯自小就显示出了她的艺术特长，据她妈妈说，她两岁时就开始画画，而且画画一直是她童年和青春期的爱好。当她进入大学时，她坚定地选择了学习视觉艺术专业。她在墨西哥毕业时就已经是一名平面设计师了，但这之前，她还在智利学习了几年建筑设计。

在设计中，她喜欢使用多种媒材，比如水彩颜料、印油和铅笔等。她还喜欢缝纫、刺绣、手工雕刻橡皮章，并在其Etsy商店geninne.etsy.com上出售她的水彩画。她很喜欢鸟和花，自15岁起就喜欢拍摄鸟和花。她的设计灵感常来自于大自然，这也使她的作品有着鲜明的个人特征。欢迎访问她的博客：www.geninne.com。

邀请您一起阅读更多引进版图书：

本书包含了52种创意实践：涵盖素描、色彩绘画、版画、纸艺及混合材料的运用等。本书适合全家人一起阅读，也可以作为美术老师的培训教材，开放性的课程设置可以让读者反复实践，实用性极强。一经出版受到读者好评，已销售近15000册。

原来动物也可以这样画！这是一本可以让你打开眼界的图书。本书开篇为你带来了三章妙趣横生和自由挥洒的创作练习。在这些练习中，你将像孩子一样去创作，绘画各种妙不可言的动物形象。你将在这里提高绘画技巧、拓展创造能力，收获无尽的创作乐趣！

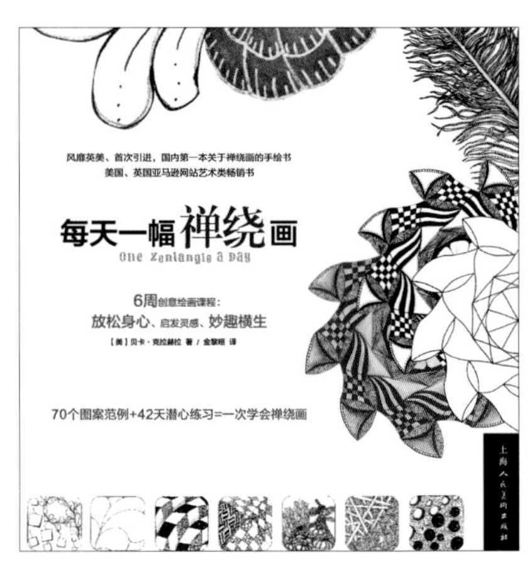

本书是国内第一本引进的关于禅绕画的手绘书，旨在通过绘制重复的线条、图案和形状来进行艺术冥想。禅绕画不仅是一种艺术手段，它还可以帮助我们舒缓压力，释放身心。研究表明这种类型的绘画活动可以使人更好地保持精力、改善情绪，是一种带有治疗功效的公共艺术。

本书获得了英国最具代表性的“创意设计黄铅笔奖”插画设计奖（D&AD，已被举世公认为名符其实的创意成就象征）。让我们一起挥舞手指，创作专属于自己的手指画吧！这是一本点子多多，足够激发小小艺术家们创意灵感的有趣小书，你可以在书中的空白处随意绘画、任意拼贴，让它成为专属于你的手指画素材簿。

◆1、2、3、4，简单几笔就能勾勒出我们独有的美好生活。
◆本书涵盖了最基础的画线、图形以及插画的各种使用技巧，由家人、动物、家居、旅行、料理、咖啡厅、节日、时尚等多个主题构成，另外还附加了便签纸、书签、贺卡、礼物包装、剪贴簿等各种生活中常用小物品的制作方法。
◆随书奉送11张精美、漂亮的剪贴纸。

◆拿起笔，让绘画动起来，每个人都可以进行的艺术创作！
◆本书面向任何一个想要拿起画笔的人！让你在一个个练习中寻找创意灵感、树立手绘信心。
◆本书整理的那些简单易学的创作方法和绘画技巧必会带你冲破思想禁锢，不再为创意受阻而感到烦恼，就是现在，让我们一起开始绘画的头脑风暴吧！